巢湖凤凰山地质填图实习指南

刘文中　李宗海　王来斌　吴诗勇　郑建斌　编著

中国科学技术大学出版社

内 容 简 介

本书是根据地质工程专业野外地质填图实习实践教学的需要，兼顾勘查技术与工程、水文与水资源工程等专业的教学要求而编写的。全书分为13章，内容包括巢湖区域的地层特征、巢湖区域地质构造与岩浆活动、巢湖区域资源概况、巢湖区域环境地质与地质灾害、地质填图的程序、地质填图的基本工作方法、实测地质剖面、巢湖实习的地质填图方法、第四纪地貌研究方法等。

本书可作为有关院校地质及相关专业的师生进行巢湖地质实习的教材，也可作为广大地学爱好者在巢湖地区进行野外地质考察的参考用书。

图书在版编目(CIP)数据

巢湖凤凰山地质填图实习指南/刘文中等编著. —合肥：中国科学技术大学出版社，2014.7(2023.8重印)

ISBN 978-7-312-03468-8

Ⅰ.巢… Ⅱ.刘… Ⅲ.地质填图—实习—高等学校—教学参考资料 Ⅳ.P285.1-45

中国版本图书馆CIP数据核字(2014)第130488号

出版 中国科学技术大学出版社
安徽省合肥市金寨路96号，230026
http://press.ustc.edu.cn
https://zgkxjsdxcbs.tmall.com

印刷 合肥市宏基印刷有限公司

发行 中国科学技术大学出版社

经销 全国新华书店

开本 710 mm×960 mm 1/16

印张 10.25

插页 6

字数 205千

版次 2014年7月第1版

印次 2023年8月第3次印刷

定价 23.00元

前　言

区域地质调查是地质工作中一项具有战略意义的基础工作，其目的是通过填制地质图以查明区内的地层、岩石、构造以及其他各种地质体的特征，并研究其属性、形成环境和发展历史等基础地质问题，为国土规划、矿产普查、水文、工程、环境地质勘查、地质科研和地质教学等提供翔实的地质资料。

地质填图实习是学生在学完普通地质学、矿物学、岩石学、古生物地层学和构造地质学等专业基础课程以及在地质认识实习的基础上，在教师指导下从事区域地质调查工作的过程训练，是一个综合性的实践教学环节。通过实习，使学生达到所学地质理论与野外实践相结合，开阔地质眼界，增强动手能力，并提高认识、分析、解决实际问题的能力，培养吃苦耐劳的敬业精神，为学生进一步学习专业课程以及今后从事地质工作奠定基础。

选定巢湖凤凰山地区作为地学实习基地，除了食宿和交通方便的原因外，更为重要的是其良好的野外地质条件。实习区地层发育齐全，岩石种类众多，生物化石丰富，地质构造典型，露头发育良好。近年来多所高校在该区开展地质教学实习和科学研究工作，尤其是下三叠统层型候选剖面和郯庐断裂带的地质研究，为更好地在实习基地开展实践教学提供了极其丰富和珍贵的地质资料。

早在20世纪70年代末期，安徽理工大学（原淮南矿业学院）地质专业即在该区开展地质填图实习，后辗转淮南上窑、秦皇岛石门寨和南京湖山等实习场地，2004年重返故地。经过长期的野外教学和实践，以及对实习区地质认识的不断深化，尤其是地球与环境学院的诸多教师对基地的各种地质现象、重要的教学点和观察路线等内容都比较熟悉，在合理安排和有效组织野外教学方面积累了一定的经验。热切希望各位老师发挥自身的专业优势，创新实践教学方法，有效调动学生参与实践教学的积极性和主动性，以期达到教学相长的目的。

为加强地质工程及相关专业这一重要的实践性教学环节，补充实习区新的地质教学和研究成果，更好地适应现代野外地质工作的方法和手段，编写一本实用性、针对性强，能够反映新成果的实习指南十分必要。为适应教学改革的需要，教学理念的转变、教学手段的更新、教学内涵的充实是提高野外地质教学质量的迫切需要。

本实习指南是根据安徽理工大学地质工程、勘查技术与工程、水文与水资源工程及相关专业地质填图实习的教学大纲要求，结合巢湖地区的实际地质资料，在宋珍炎和钱守荣老师主编的《安徽巢湖凤凰山地区地质测量实习指导书》的基础上重新组织编写而成的。地球与环境学院多位教师多次赴野外，对实习路线、实习内容进行了深入调查和研究。因此，本书是地球与环境学院众多教师集体智慧的成果。

本书编写分工如下：前言、绪论、第 1 章、第 13 章、附图：刘文中；第 11 章：李宗海、刘文中；第 3 章、第 4 章、第 9 章：王来斌；第 5 章、第 10 章：吴诗勇；第 7 章：郑建斌；第 2 章、第 6 章：李宗海、郑建斌、刘文中；第 8 章：李宗海、王来斌、刘文中；第 12 章由所有作者共同完成。全书由刘文中统稿。

书中照片除署名或注明出处外，均为刘文中摄制。地质资源与工程系王兴阵、陈健、刘会虎、徐宏杰、李小龙、付茂如、胡泽安等青年教师提供和帮助绘制了部分图件。

本书在编写过程中，得到了安徽理工大学教务处处长宫能平教授、实验室与仪器设备管理处苏嘉银教授以及地球与环境学院院长胡友彪教授的热情关心和支持；陈萍、宋晓梅、赵志根、张平松及刘启蒙教授对本书的初稿提出了宝贵的修改意见；本书的出版得到了安徽理工大学“地质工程优秀教学团队”和“岩石学资源共享课程”建设项目的资助，在此一并致谢。

限于作者的学术水平，书中难免出现不足和错误之处，敬请指正，以期完善，更好地指导广大师生的地质填图实习。

编著者

2014 年 4 月

目　录

中篇　巢湖地质填图实习的工作方法

下篇 巢湖地质填图实习的教学内容和要求

绪　论

实习区位于合肥市下辖县级巢湖市北部凤凰山地区，东以岠嶂山为界，西至青苔山一线，南至巢湖之滨，北抵试刀山附近。大致位于北纬 31°35′～31°42′，东经 117°47′～117°54′，面积约 50 km^2。

淮南铁路从实习区南部穿过，高速公路在实习区以东半汤接口可抵芜湖、马鞍山、南京、合肥、淮南等地(见图 0.1)。另有公路干线可至无为、含山、和县，水运以巢湖为中心可抵合肥，南下经裕溪河可达长江。市内公交可直达驻地——巢湖铸造厂，交通便利。

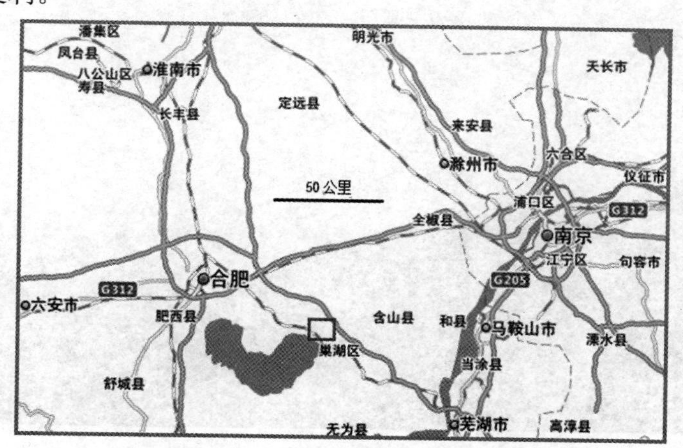

图 0.1　巢湖区域交通位置示意图

(据 http://map.soso.com/修改)

实习区三面环山，一面临水(附图 1)。东、北、西为低山丘陵，海拔在 20～400 m之间。最高峰大尖山 356 m，麒麟山 310 m，平顶山 187 m，多数山峰的高程在200 m左右。山脉走向为 NE，南部为安徽省最大的淡水湖——巢湖，面积约 784 km^2，湖面高程10 m时，湖水容量 18×10^8 m^3。

本区属北亚热带湿润气候，但明显带有季风及大陆性特色。四季分明，年降雨量 1200 mm，雨季多集中在夏季，秋季较为干燥，无霜期 230 天。最高气温可达 39 ℃，八月份气温较高，一月份气温最低，可至－13 ℃，年平均气温 15 ℃。

巢湖物产丰富、景色优美。农产品以水稻、小麦为主，豆、薯次之。经济作物有棉、麻、花生、菜籽、芝麻等。特产水果有居巢花红（小苹果）、姥山枇杷、炯炀滩梨等。特色水产有“巢湖三白”（白鱼、银鱼、米虾）、毛刀鱼、绒毛蟹等。

工业以化工、轻工、军工为主。规模较大的企业有水泥厂、皖维集团、铸造厂、7410 厂等。

目前已发现的矿藏有 30 多种，如石灰岩、石膏、白云石、黏土、煤、磷矿、硅石等，其中石灰石、石膏矿储量巨大。半汤温泉的矿泉水资源也十分丰富。

巢湖是国家级风景名胜区，自然和人文景观 130 多处，江、湖、山、泉并存，湖光、山色、温泉是巢湖“风景三绝”（见图 0.2）。

图 0.2　巢湖凤凰山的山色湖光

最早（1934）在本区进行地质调查研究工作的南京大学徐克勤院士著有《安徽巢县北部地质》。华东地质局巢湖地质队（1956）曾做过 1：1 万煤田普查，著有《安徽含山—巢县—怀宁一带煤田普查报告》。罗庆坤（1956）编写过《安徽巢县北部地质概要》。合肥地质队李石祝（1959）对该区做过 1：1 万泥盆系铁矿普查，著有《安徽巢县凤凰山—岠嶂山铁矿评价报告》。安徽省区调队（1978）进行了 1：20 万区域地质调查，著有《安徽省合肥、定远幅 1：20 万区域地质调查报告》。安徽省冶金勘探公司 815 队（1980）在该区大理寺水库一带进行过熔剂灰岩的普查勘探。安徽省区调队（1983）进行了 1：5 万区域地质调查，著有《安徽省巢县幅 1：5 万区域地质调查报告》。安徽省区调队(1986)根据多年区域地质的调查结果,编著了《安徽省巢湖市地质实习指南》,为巢湖地区开展地质实习提供了基础地质资料。

早在20世纪50年代合肥工业大学就将巢湖北部开辟为地学实习基地,安徽理工大学(原淮南矿业学院)也于20世纪70年代末期在此开展地质填图教学实习,为地质教学实习基地的形成和建设奠定了良好的基础。特别是20世纪90年代以后,先后又有南京大学、西北大学、同济大学、中国矿业大学、中国石油大学、中国海洋大学、中国科学技术大学、山东科技大学、安徽师范大学等多所高校在此进行地质实习,并开展了卓有成效的地质研究,深化了地质认识,丰富了实习区的教学内容。

巢湖地学实习基地在不断积累野外地质教学素材的同时,地质实习的教学条件也得到了不断完善。实习基地每年接待的实习学生超过5000人,在学生野外实践技能的培养上发挥了重要作用,已成为我国南方重要的地学实习基地。20世纪90年代中期,合肥工业大学承担的安徽省教学研究项目"地球科学专业群巢湖实习基地的建设",深化了研究程度,丰富了教学内容,积聚了教学资料。另外,中国地质大学童金南教授等地学专家数十年辛勤工作的成果——"平顶山和马家山的下三叠统地质剖面",已被国际地学界列为全球下三叠统印度阶—奥伦尼克阶界线层型的首选剖面,成为"金钉子"(GSSP)的最佳候选对象。该剖面完整地保存了距今2.4亿~2.5亿年间中生代地球生物界复苏的丰富信息,赋存有菊石、牙形石、鱼类、双壳类及巢湖鱼龙等多种早三叠世的海洋动物化石。2008年,实习基地被国家自然科学基金委员会设立为"地质学巢湖实习基地"。

虽然前人在本区已做过大量工作,但在地层的划分和对比、沉积环境恢复、地质构造等方面仍存在着诸多疑问,需在今后的工作中不断补充和修正。

巢湖凤凰山地区湖光山色、城乡交织,地质内涵丰富,实习条件优越,是开展野外地质教学的难得场所。

上篇

巢湖区域地质概况

第1章　巢湖区域的地层特征

巢湖凤凰山地区位于扬子陆块东北下扬子坳陷，其西部以郯庐断裂带与华北陆块分隔，西南与大别造山带毗邻，东部与太平洋板块相邻。实习区的地质演化受控于其大地构造位置。

巢湖地区总体具有稳定地块的沉积和构造特征。但是，由于位于陆块边缘，又显示了一定的构造活动性。印支期主要受到扬子陆块和华北陆块碰撞造山运动的影响，侏罗纪以后处于大陆边缘构造活动带环境，受东部太平洋板块向欧亚大陆之下俯冲作用的影响。

实习区地层区划上属于华南地层大区、下扬子地层分区、六合—巢县地层小区、巢北沉积区。除白垩系、古近系和新近系地层缺失外，区内自震旦系至第四系均有不同程度发育，如图1.1所示。

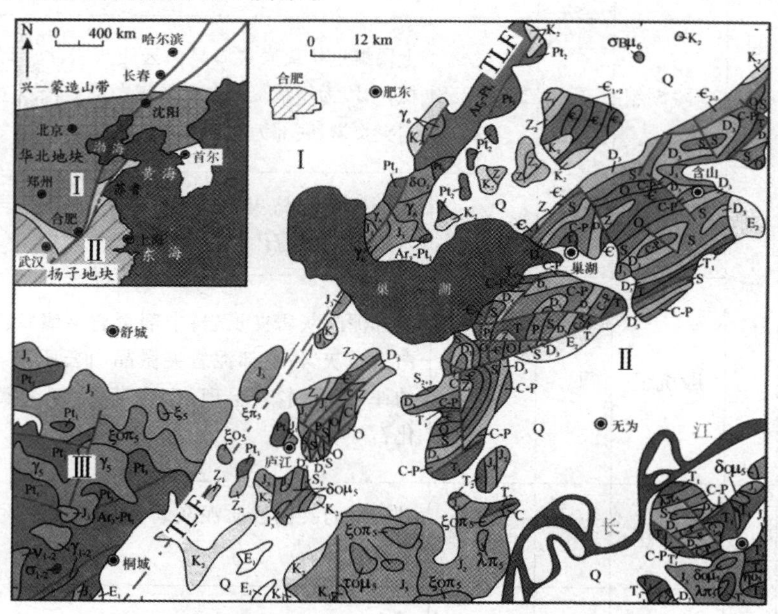

图1.1　巢湖及邻区构造纲要简图

（据西北大学地质学系，2007）

Ⅰ. 华北陆块；Ⅱ. 扬子陆块；Ⅲ. 大别造山带；TLF. 郯庐断裂带

实习区出露的地层有震旦系、寒武系、下奥陶统、下—中志留统、上泥盆统、石炭系、二叠系、下—中三叠统、下侏罗统和第四系。志留系的碎屑岩与三叠系的碳酸盐岩分别构成凤凰山背斜和平顶山向斜的核部地层，其余地层依次分布在其两侧(附实习区地质简图)。志留系—第四系的地层特征如表 1.1 所示。

表 1.1　巢湖凤凰山地区地层划分简表

界	系	统	组	代号	厚度(m)	岩性特征
新生界	第四系			Q	＞10	河湖相砂、砾、黏土、亚黏土及坡积物，见有哺乳动物化石
中生界	侏罗系	下统	磨山组	J_{1m}	＞450	河流沼泽相岩屑长石砂岩、石英砂岩、泥岩及煤线，底部为石英砾岩。含植物、瓣鳃类、鱼类等化石
	三叠系	中统	东马鞍山组	T_{2d}	＞18	蒸发台地相。上部岩溶角砾岩，下部微晶灰质白云岩，底部具同生砾
		下统	南陵湖组	T_{1n}	156～258	上段蠕虫状灰岩夹微晶白云质灰岩，局部含燧石结核；中段为瘤状灰岩夹微晶灰岩及页岩；下段微晶灰岩夹页岩，底部为瘤状灰岩。含鱼龙、菊石等化石
			和龙山组	T_{1h}	21～36	上部瘤状泥晶灰岩、微晶灰岩；下部页岩夹泥灰岩，含米克菊石
			殷坑组	T_{1y}	84	上部泥晶灰岩夹页岩；中部页岩夹瘤状泥质泥晶白云质灰岩；下部泥岩夹微晶白云质灰岩。发育韵律层理、水平层理，富含菊石、双壳类等动物化石
古生界	二叠系	上统	大隆组	P_{3d}	13～24	硅质泥岩夹白云质泥灰岩、硅质岩、泥质粉砂岩。下部含菊石
			龙潭组	P_{3l}	65～131	上段为灰、灰黑色薄层泥岩、粉砂质泥岩夹长石石英砂岩，中、上部含煤，顶部有“压煤灰岩”。含植物和腕足类化石；下段为粉砂质泥岩、泥岩

续表

界	系	统	组	代号	厚度(m)	岩性特征
古生界	二叠系	中统	孤峰组	P_{2g}	28～54	硅质岩夹硅质泥岩、泥岩，底部粉砂质页岩。下部含磷结核及磷矿层，菊石化石丰富
		下统	栖霞组	P_{1q}	149～232	上段生物碎屑粉晶灰岩、微晶灰岩、微晶白云质灰岩，含燧石结核；下段粉晶灰岩、微晶灰岩，具臭味；底部黄、黑色粉砂岩、泥岩夹劣质煤。化石丰富，有䗴类、珊瑚、苔藓虫、海绵、腕足类等
	石炭系	上统	船山组	C_{2c}	7～8	上段灰色厚层亮晶生物碎屑灰岩夹球状灰岩；下段黑色厚层微晶灰岩，底部灰黄色含褐铁矿团块泥岩。含麦粒䗴、珊瑚、腕足类等
			黄龙组	C_{2h}	40～54	上部灰、紫红色厚层亮晶生物碎屑灰岩夹砂屑灰岩；下部浅灰、肉红色厚层状生物碎屑泥晶与微晶灰岩。含纺锤䗴、刺毛珊瑚等化石
		下统	和州组	C_{1h}	12～34	上段灰、浅红色中厚层生物碎屑灰岩夹泥岩，顶部“炉渣状”灰岩；下段灰黑色生物碎屑白云质灰岩夹泥岩。富含䗴类、珊瑚、腕足类等化石
			高骊山组	C_{1g}	13～23	上段杂色粉砂质页岩，顶部灰白色石英砂岩；中段灰黄色钙质泥岩夹灰岩，含丰富腕足类、珊瑚等化石；下段杂色、灰黄色黏土岩，夹褐铁矿
			金陵组	C_{1j}	9	中厚层生物碎屑微晶灰岩，富含假乌拉珊瑚、笛管珊瑚、腕足类、海百合等化石
	泥盆系	上统	五通组	D_{3w}	170～202	上段灰白色薄层石英砂岩、粉砂质泥岩、炭质页岩，富含植物、腕足类等化石及褐铁矿和黏土矿层；下段灰白色厚层石英砂岩、含砾砂岩，底部砾岩

续表

界	系	统	组	代号	厚度(m)	岩性特征
古生界	志留系	中统	坟头组	S_{2f}	189～415	上部泥岩;中部含粉砂质泥岩、石英粉砂岩;下部黄绿色岩屑细砂岩,含三叶虫、鱼类、腹足类等化石
		下统	高家边组	S_{1g}	＞380	上段石英粉砂岩,产笔石等化石;中段粉砂质泥岩夹粉砂岩;下段泥岩、粉砂质泥岩、硅质页岩

1.1　上元古界地层

震旦系(Z)

灯影组(Z_{2dn}):由李四光(1924)创名于湖北宜昌西北 20 km 的灯影峡,剖面包括下震旦统莲沱组和南沱组,上震旦统陡山沱组和灯影组。南沱组为灰紫色砂泥质杂砾岩,砾石成分复杂,颗粒无分选,具块状层理,具冰川擦痕,为大陆冰川和近岸冰海沉积。巢湖苏家湾剖面和汤山剖面灯影组岩性以灰、灰白色细晶、微晶白云岩为主,以含葡萄状藻纹层及硅质条带与硅质结核为标志。具微波状层理、石盐假晶,显示潮上带与潮间带沉积环境。产微古植物、叠层石、蓝藻类及核形石等。

区内震旦系出露于青苔山和半汤地区,在青苔山一带逆冲推覆于下志留统高家边组地层之上。岩性分为上、下两段,下段厚 74～292 m,岩性为灰、深灰色厚层微晶白云岩夹硅质条带,见有特征的葡萄状构造(附图 2)及含蓝藻和核形石;上段厚 69～90 m,岩性为灰、浅灰色厚层含硅质结核、条带状泥晶白云岩、细晶鲕粒白云岩,底部为含磷含粉砂页岩和钙质岩屑石英砂岩。

灯影组之上为下寒武统冷泉王组厚层细晶白云岩。

1.2　古生界地层

1.2.1　寒武系(Є)

寒武系主要分布在半汤,以含镁碳酸盐岩为主,厚 570 m。自下而上划分为冷泉王组、半汤组和山凹丁群。

冷泉王组($Є_{1l}$):岩性为深灰色中厚—厚层细晶白云岩、含鲕细晶白云岩,厚 105 m。下部夹10 cm厚的葛万藻层,如图 1.2 所示,底部为厚1～2 cm的含砾砂岩;

中、上部白云岩中夹黑色硅质条带，与白云岩组成黑白相间的条带，特征明显。

与下伏灯影组假整合接触，界限清楚，如图1.3所示。

半汤组(ϵ_{1b})**：**岩性为浅灰、灰色薄—中厚层含粉砂条带微晶含钙泥质白云岩、含硅质条带微晶白云岩与深灰色厚层细晶白云岩互层，由于抗风蚀力的不同，地表呈肋骨状。本组夹有微晶鲕粒白云岩及灰黄色薄层泥岩、页岩，厚156 m。

页岩中含三叶虫：*Redlichia* sp.，*Kunmingaspis* sp.，*Chittidilla* sp.及腕足类化石。这些化石常见于我国早寒武世晚期及中寒武世早期地层，层位上相当于华北地层的馒头组上段。

图1.2　寒武系白云岩中葛万藻

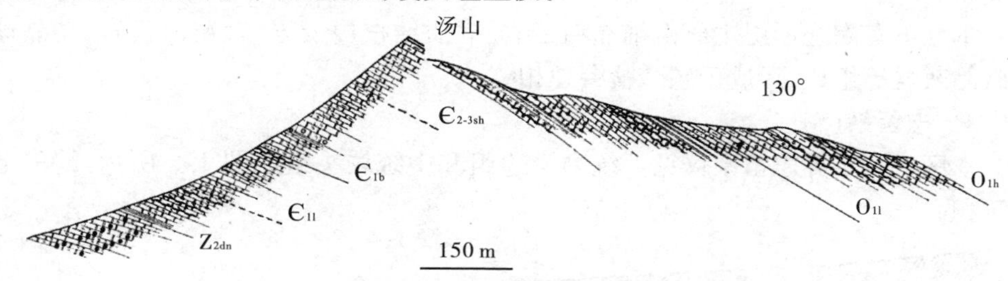

图1.3　巢湖汤山寒武系—奥陶系剖面示意图

（据安徽区调队，1986）

山凹丁群($\epsilon_{2\text{-}3sh}$)**：**岩性特征可分为两段。下段岩性为浅灰、深灰色中薄—厚层微晶白云岩与砂屑白云岩互层，厚178 m。底部有60 cm厚的浅灰色薄层白云质细砾岩，与下伏半汤组界线清晰，呈假整合接触。本群上段岩性为灰、灰白色中薄—厚层溶蚀状（蜂窝状）含硅质团块、硅质条带微晶含钙泥质白云岩、粉晶白云质灰岩及细晶白云岩，细晶砂屑白云岩，厚132 m。此段岩层表面蜂窝状孔洞，形状奇特，假山石可供盆景之用。

山凹丁群未见化石，岩性特征与淮南地区的土坝组相近。

本区下寒武统主要由含鲕细晶白云岩、含硅质条带微晶白云岩、微晶泥质白云岩等组成，下部白云岩中含葛万藻，为局限白云岩台地相沉积。中上寒武统由微晶白云岩、砂屑白云岩、粉晶白云质灰岩等组成，为蒸发台地相沉积。

1.2.2 奥陶系(O)

本区奥陶系见于半汤一带。但由于出露差，发育不全，以下奥陶统仑山组发育为特征。

仑山组(O_{1l})：岩性分为上、中、下三部分。下部为浅灰色中厚—厚层细晶白云岩，岩石表面刀砍状溶沟发育；中部为灰、浅灰色中厚—厚层含硅质条带、硅质结核中晶白云岩、细晶白云岩及微晶含泥质白云岩；上部为浅灰色中层微—中晶含灰白云岩，靠近顶部为中晶白云岩夹灰色亮晶球粒含白云质灰岩透镜体，仑山组厚118 m。

本组下部产头足类 *Artiphylloceras* sp.，*Proterocameroceras* sp.。

仑山组与山凹丁群整合接触，二者的界线是仑山组白云岩中不具蜂窝状硅质条带、硅质结核为特征。仑山组之上仅见红花园组(O_{1h})下部，厚 48 m，岩性为青灰色厚—中厚层亮晶球粒微晶灰岩，含腹足类化石。红花园组与仑山组之间呈整合关系。

本区下奥陶统地层主要由细晶白云岩、硅质结核白云岩、含灰白云岩、亮晶球粒微晶灰岩等组成，形成于碳酸盐台地相。

1.2.3 志留系(S)

本区下古生界志留系仅见下统高家边组和中统坟头组如图 1.4 所示，缺失上统沉积。

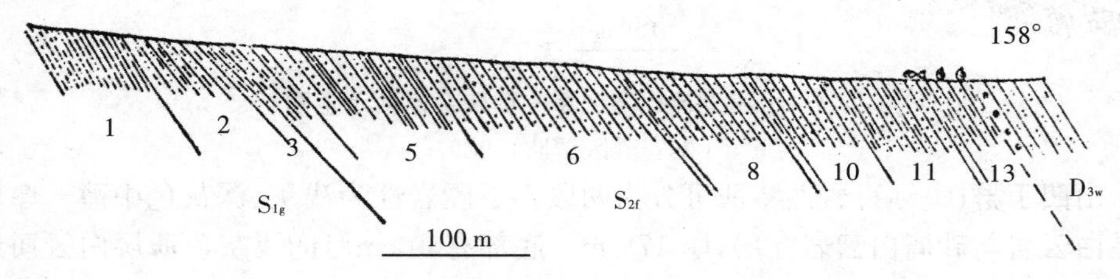

图 1.4 狮子口志留系剖面示意图

(据安徽区调队，1986)

高家边组(S_{1g})：A W Grabau(1924)创名于江苏省句容县东北约 20 km 的仑山附近高家边村。底部黑、黑紫色硅质页(泥)岩，含笔石；下段灰黄、灰黑色粉砂质页岩、硅质页岩，含笔石、三叶虫、腕足类；中段黄绿、灰黄色页岩与粉、细砂岩互层，偶见灰岩透镜体；上段黄绿色页(泥)岩、粉砂质页(泥)岩，夹、细粉砂岩。顶部以坟头组黄绿色厚层细砂岩分界，整合接触。

狮子口志留系剖面起点出露高家边组中段，岩性为黄绿色页岩；上段为黄绿色粉砂质泥岩夹薄层泥质细砂岩；下段未出露。

图 1.5　锯笔石

本组中下部富含笔石：*Akidograptus ascensus*（向上尖笔石）；*Pristiograpus leei*（李氏锯笔石，如图 1.5 所示）；*Monograptus wuweinsis*（无为单笔石）。

高家边组中、下段以青灰色页岩、黄绿色页岩与粉砂岩互层为主，含笔石、腕足类等化石。为较深水环境，代表了半深海至深海沉积。

上段以黄绿色粉砂质泥岩、泥质粉砂岩及页岩互层为特色，产有笔石、腕足类、双壳类、三叶虫、腹足类及沿层面密集分布的虫管等多门类动物化石。砂岩中发育有交错层理，沉积特征反映了水体开始变浅的陆棚环境。

早志留世高家边期沉积特征反映了海水由深变浅的海退过程。

由于岩性松软，易风化，常形成低洼地形。实习区内高家边组主要分布于大尖山—马鞍山—凤凰山和碾盘山—长腰山之间的凹地及岠嶂山东坡山麓带。实习区高家边组处于背斜核部，或被掩盖，未出露完整剖面，厚度不详，根据邻区资料，厚度大于 380 m。

与下伏奥陶系地层假整合接触。

坟头组（S_{2f}）：潘江（1956）创名于江苏省南京市汤山镇的坟头村。岩性主要为黄绿色中厚—厚层岩屑砂岩、石英砂岩、含砾岩屑石英砂岩，多为泥质胶结。局部夹粉砂岩、粉砂质泥岩。含砾岩屑石英砂岩中的砾石成分主要为泥质、硅质和磷质，大小为0.5～3 cm不等。大型丘状交错层理发育（附图 3），向上粉砂岩、泥岩夹层渐多，水平虫迹发育，顶部为灰绿色薄层泥岩。

含化石：*Polybranchiaspis* sp.（多鳃鱼，如图 1.6 所示）；*Latirostraspis chaohuensis*（巢湖宽吻鱼）；*Sinacanthus* sp.（中华棘鱼）；*Coronocephalus rex*（霸王王冠虫，如图 1.7 所示）；*Hormotoma kutsingensis*（曲靖链房螺）。

图 1.6　坟头组多鳃鱼
（据安徽区调队，1986）

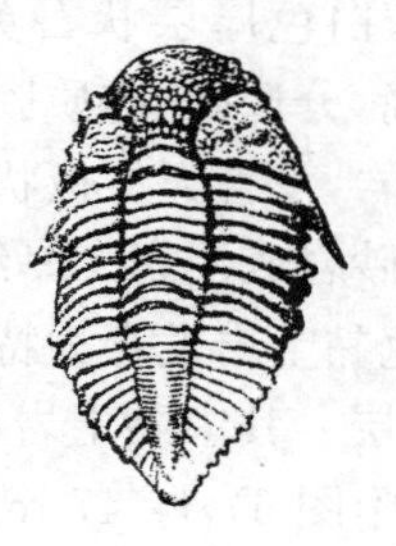

图 1.7　坟头组王冠虫和链房螺

坟头组下段以黄绿色岩屑砂岩、含泥砾石英砂岩及粉砂岩和杂色页岩互层沉积为主。含三叶虫、鱼类、腕足类、腹足类、双壳类及遗迹化石。砂岩中丘状交错层理、羽状交错层理、冲刷面及波痕发育,沉积特征显示潮控陆棚相沉积特征。

坟头组沉积以后,该区受加里东运动的影响,地壳抬升,海水退去,缺失上志留统沉积。实习区高家边组到坟头组沉积表现为一个较完整的海退沉积序列。

实习区内坟头组厚 271 m,与下伏高家边组整合接触。主要分布于岠嶂山东坡,大尖山—马鞍山—凤凰山和碾盘山—长腰山之间的坡地及碾盘山—龟山西坡。狮子口附近出露较为完整。

1.2.4 泥盆系(D)

实习区泥盆系仅发育上统,缺失中、下统地层,如图 1.8 所示。

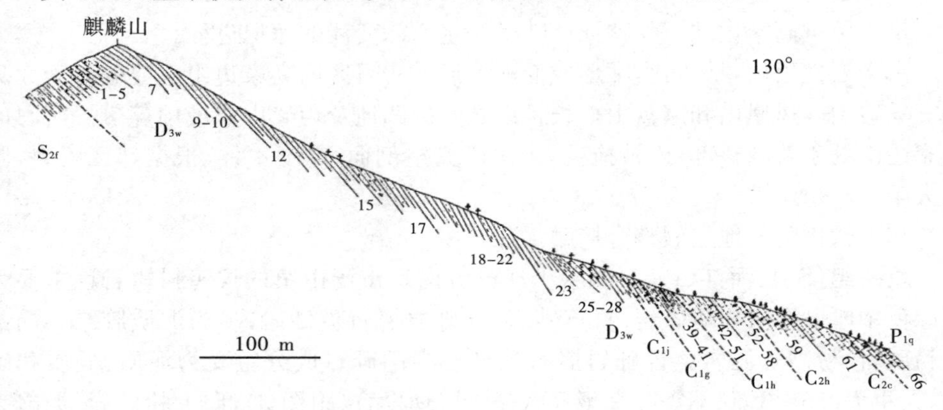

图 1.8 麒麟山泥盆系—石炭系剖面示意图

(据安徽区调队,1986 修改)

五通组(D_{3w}):丁文江(1919)创名于浙江省长兴县煤山镇五通山。自下而上岩性分为上、下两部分。

下部之底为灰白色厚层状石英岩砾岩(附图 4),砾石为石英岩和燧石,大小 1～5 cm,磨圆度高,分选好,硅质胶结。向上岩性主要为灰白色中厚—厚层状中粗粒、中细粒石英砂岩,发育大型板状交错层理(附图 5)。自下而上碎屑粒度逐渐变细,局部夹薄层粉砂岩或泥岩。厚约 130 m。

上部以灰黑色黏土岩发育为特征,并夹有中厚层细粒石英砂岩,局部夹一层厚约30 cm的褐铁矿层。其中黏土岩可开采,供做耐火材料和陶瓷材料,褐铁矿层可小规模开采利用(附图 6),厚 47 m。

本组化石丰富(如图 1.9 所示,附图 7),含:*Sublepidodendron* sp.(亚鳞木);*Lepidodendropsis hirmeri*.(锉拟鳞木);*Leptophloeum* sp.(薄皮木);*Eolepidodendron* sp.

(始鳞木);*Lioestheris* sp.(光滑叶肢介);*Euompholus* sp.(全脐螺);*Lingula* sp.(舌形贝);介形类 18 属 20 种。

图 1.9　五通组亚鳞木和薄皮木

五通组下部岩性具有向上变细的韵律结构。底部为砾岩,向上逐渐过渡为含砾砂岩和石英砂岩夹薄层泥质粉砂岩、泥岩。砂岩中发育交错层理,层面上见有遗迹化石(附图 8)。砂岩由滚圆状的石英颗粒组成,分选性和磨圆性均较好,硅质和铁质胶结。反映了海洋滨岸环境特征,形成于潮间带下部—潮下带上部环境。

五通组上部富含原地埋藏的植物、叶肢介等,含少量腕足类化石。具波状交错层理、脉状层理,具水流或浪成波痕,产遗迹化石。沉积特征反映潮间带、滨海沼泽的沉积特征。

泥盆纪在地史上被称"鱼类时代",也是陆生生物大发展的时期,它标志着生物界已完成了从海生向陆生的转变,开始了生物演化的新篇章。

五通组砂岩成熟度高,坚硬,抗风化能力强,实习区内通常分布于高山山脊,以狮子口附近出露较好。

实习区五通组总厚度为 176.7 m,与下伏志留系坟头组假整合接触(附图 4)。

1.2.5　石炭系(C)

实习区石炭系以浅海相碳酸盐岩沉积为主,且以生物碎屑灰岩为主。其中下统分为金陵组、高骊山组及和州组,上统由黄龙组和船山组组成,特征如下。

金陵组(C_{1j}):1930 年由李四光创名于江苏省南京市龙潭镇东侧观山。岩性主要为灰黑色中厚—厚层生物碎屑灰岩。灰岩中生物种类繁多,保存较好,易于发现。其底部有 0.6 m 厚的泥质粉砂岩,因含石炭纪生物化石,故也归于金陵组。含化石:

Pseudouralinia sp.(假乌拉珊瑚);*Syrigopora* sp.(笛管珊瑚,如图 1.10 所示,附图 9);*Camarotoecia kinglingensis*(金陵穹房贝)。

本组岩性为灰、灰黑色中厚层生物碎屑灰岩、微晶灰岩,富含珊瑚礁、腕足类、孢粉类、海百合茎等化石。反映了水体清澈的开阔碳酸盐台地相沉积环境。

实习区金陵组厚度不稳定,在凤凰山一带厚 10.7 m,狮子口一带无出露,五通组与高骊山组直接接触。

实习区平均厚度约 5 m,与下伏泥盆系五通组假整合接触。

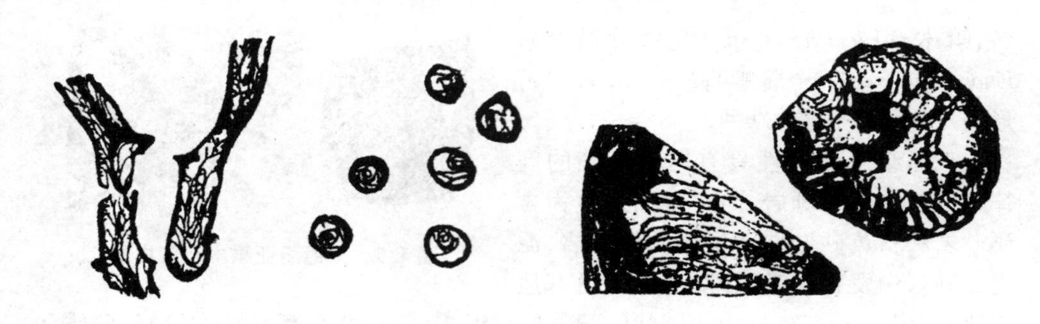

图 1.10　金陵组笛管珊瑚和假乌拉珊瑚

高骊山组(C_{1g})：1929 年朱森创名于江苏省句容县高骊山南坡。岩性主要为灰、灰白、灰紫、灰绿色等杂色页岩(附图 10)，局部夹灰色泥灰岩、钙质泥岩、劣质煤与赤铁矿，顶部为细粒石英砂岩。具水平、波状、透镜状、脉状层理及板状交错层理，生物扰动强烈。

本组含化石：*Kueichouphyllum* sp.（贵州珊瑚）；*Dictyoclostus* sp.（网格长身贝）及双壳类、苔藓类化石；下部见有植物化石(*Cardiopteridium* sp.，准心羊齿)。

高骊山组下段为灰、灰黄色薄层泥岩，底部夹褐铁矿层，含植物碎片；中段为紫红色薄层钙铁质泥岩夹姜块状灰岩和中薄层含生物碎屑灰岩。地层中含丰富腕足类、珊瑚、双壳类和旋齿鲨鱼牙齿等动物化石；上段沉积了灰黄、黄褐色含铁细粒石英砂岩。沉积特征反映出，高骊山组地层形成于滨海潮坪环境。

实习区厚度 11.57 m。与下伏金陵组假整合接触，上与和州组土黄色含砂白云质泥灰岩分界。

和州组(C_{1h})：朱森(1929)创名于安徽省和县香泉赤儿山。岩性主要为深灰—灰黑色中、厚层生物碎屑石灰岩，夹灰色钙质泥岩、薄层灰质白云岩、白云质灰岩；顶部为浅灰色厚层砾状生物碎屑灰岩，风化后呈“炉渣”状(附图 11)。

巢湖地区和州组炉渣状灰岩的成因主要有三种假说，即风化作用、生物扰动、地震作用。三种假说从沉积过程的不同阶段做出相异解释，说明了炉渣状灰岩的成因是多因素、多阶段、地质—生物—环境三者之间相互影响和综合作用的结果(徐继山等，2012)。

本组含化石(附图 12)：*Eostaffella hohsienica*（和县始塔夫䗴）；*Lithostrotion* sp.（石柱珊瑚）；*Gigantoproductus* sp.（大长身贝）；*Yuanophyllum* sp.（袁氏珊瑚，如图 1.11 所示）。

下段发育深灰色中薄至厚层白云质生物碎屑灰岩、泥岩，上段岩性为灰色中层粗晶灰岩、灰微带肉红中厚层生物碎屑灰岩、白云质灰岩夹黄绿色薄层泥岩及炉渣状灰岩。富含䗴类、珊瑚、腕足类等化石。泥岩中发育龟裂纹。沉积特征反映了碳酸盐岩台地、滨海相沉积环境。晚期发生海退，曾遭受风化和剥蚀。

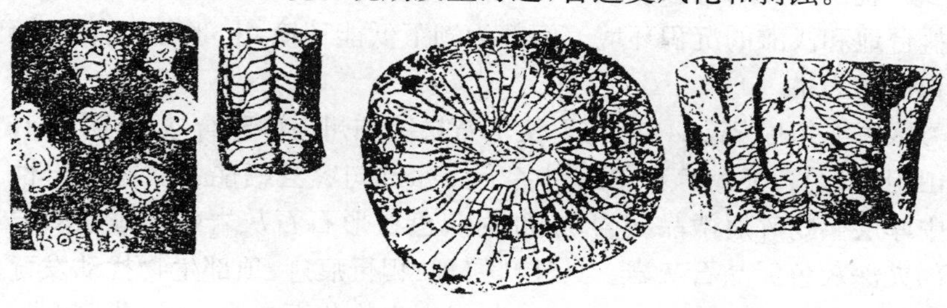

图 1.11　和州组石柱珊瑚和袁氏珊瑚

本组富产 *Eostaffella*、*Yuanophyllum* 及腕足类化石，厚 25.34 m，与高骊山组假整合接触。

黄龙组(C_{2h})：1930 年李四光、朱森创名于江苏省南京市龙潭镇黄龙山。以灰岩为主，富含海相生物化石，其中䗴化石是地层划分的重要依据。按灰岩结构可分为上、下两部分：下部为浅灰、灰白色中厚—厚层生物碎屑泥晶石灰岩，厚 16.74 m；上部为灰白、浅灰色厚层亮晶生物碎屑灰岩夹亮晶砂屑石灰岩，厚 10.5 m。

下部含化石：*Fusulinella boki*（薄克氏小纺锤䗴）；*Profusulinella vata*（卵形原小纺锤䗴）。上部含化石：*Fusulina cylidrica*（圆筒形纺锤䗴）；*Chaetetes lungtanensis*（龙潭刺毛珊瑚，如图 1.12 所示）。

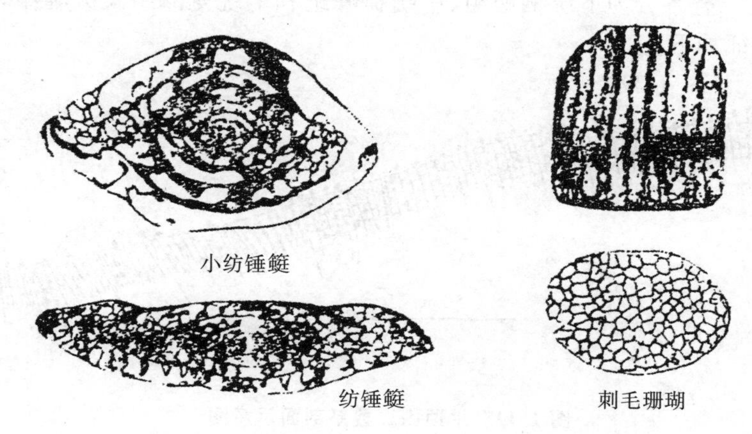

图 1.12　黄龙组纺锤䗴和珊瑚化石

黄龙组深灰、肉红色中厚层白云质灰岩、生物碎屑灰岩、亮晶砂屑灰岩中富含䗴类、珊瑚、腕足类、双壳类、腹足类、海百合等生物化石，反映了本组为正常浅海开阔碳酸盐台地和浅滩的沉积环境。下部为潮下低能环境，上部为高能浅滩环境，以生物沉积作用为主。

实习区黄龙组厚 27.24 m，与下伏下石炭统和州组假整合接触(附图 13)。

船山组(C_{2ch})：1919 年丁文江创名于江苏省句容县赣船山。主要岩性下部为深灰色中厚层生物碎屑微晶灰岩；上部为灰色核形石石灰岩(即“球状灰岩”，附图 14)，局部夹深灰色泥晶石灰岩。具波状层理、爬行痕迹，顶部生物扰动发育。

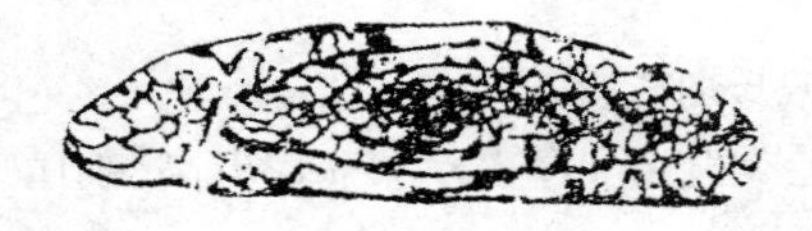

图 1.13　船山组麦粒䗴

灰岩内生物化石丰富，如䗴类、珊瑚、腕足类等。含化石：*Triticites Simplex*(简单麦粒䗴，如图 1.13 所示)；*Eoparafusulina* sp.(始拟纺缍䗴)；*Pseudoschwagerina* sp.(假希瓦格䗴)。

船山组发育黑色厚层微晶灰岩、灰色核形石灰岩、深灰色泥晶灰岩，含腕足类、䗴、珊瑚、藻类等，与黄龙组相似，为开阔台地相沉积环境。

本组厚度较其他地区小，仅 6.73 m。与下伏黄龙组假整合接触。

本组与黄龙组石灰岩质地优良，是作为冶金熔剂、化工、水泥的优质原料。

1.2.6　二叠系(P)

实习区二叠系分为下统栖霞组、中统孤峰组和上统龙潭组及大隆组，如图 1.14 所示，特征如下。

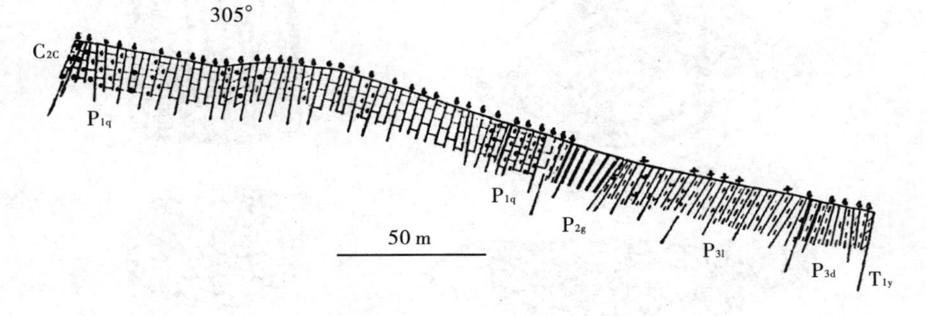

图 1.14　平顶山二叠系剖面示意图

(据安徽区调队，1986 修改)

栖霞组(P_{1q})：李希霍芬(Richthofen F. Von，1882)所创，标准剖面在南京市东郊栖霞山，次层型为巢湖平顶山剖面。主要由碳酸盐岩组成，含燧石结核

(附图 15)或燧石层。根据燧石分布,分为四个岩性段。自下而上为:

臭灰岩段:灰黑色薄层、中层—厚层泥晶生物碎屑灰岩,夹不规则黑色页岩。底部为厚约0.5～1 m的土黄色泥岩或黑色炭质页岩、劣质煤,系石炭、二叠系分层标志(附图 16),含腕足类 *Martinia* sp.(马丁贝)及植物化石碎片。灰岩中富含有机质,锤击时具浓郁的沥青味,故称为“臭灰岩”,厚 101.04 m。

下硅质层段:深灰—灰黑色中厚层泥晶生物碎屑灰岩,含燧石结核。黑色燧石结核大小不一,形态各异,断续层状分布。风化后凸露于岩层表面。本段厚7.14 m。

本部灰岩段:灰、灰黑色中厚—厚层含生物碎屑灰岩。本段以不含燧石为特征,厚 40.75 m。

上硅质层及顶部灰岩段:灰—灰黑色中厚层泥晶生物碎屑灰岩,如图 1.15 所示,含燧石结核,局部形成硅质层,厚 22.52 m。

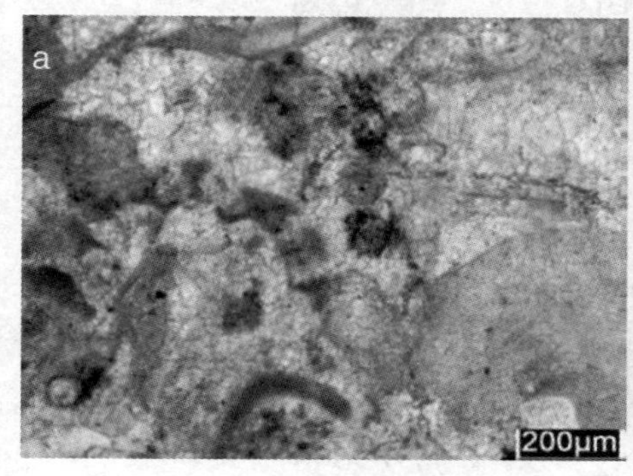

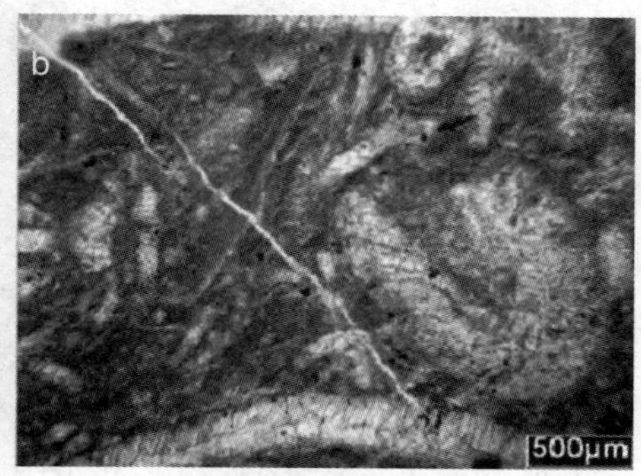

图 1.15　栖霞组生物碎屑灰岩填隙物

a. 亮晶;b. 泥晶

(据杜叶龙等,2012)

本组生物化石门类丰富,主要有䗴类、珊瑚、苔藓虫、海绵、腕足类等。具有时代意义的化石主要有:*Misellina claudiae*(喀劳狄米斯䗴,图 1.16 中 1);*Allotropiophyllum sinese*(中国奇壁珊瑚,图 1.16 中 2);*Nankinella orbicularia*(圆形南京䗴,图 1.16 中 3);*Hayasakaia elegentula*(雅致早坂珊瑚,图 1.16 中 4);*Polythecalis yangtzeensis*(杨子多壁珊瑚,图 1.16 中 5);*Wentzellophyllum volzi*(服尔兹似文采尔珊瑚)。

栖霞组碳酸盐岩主要形成于碳酸盐岩台地边缘斜坡沉积环境,如图 1.17 所示。臭灰岩段石灰砾岩形成于斜坡中上部,由碳酸盐岩碎屑流形成,灰岩砾石来自于浅海碳酸盐岩台地;上、下硅质层段主要由斜坡下部的等深流沉积物和斜坡远端盆地相沉积形成；本部灰岩段属于水体稍深的浅海碳酸盐岩台地沉积；顶部灰岩段形成于斜坡的上部，由碳酸盐岩碎屑流形成。

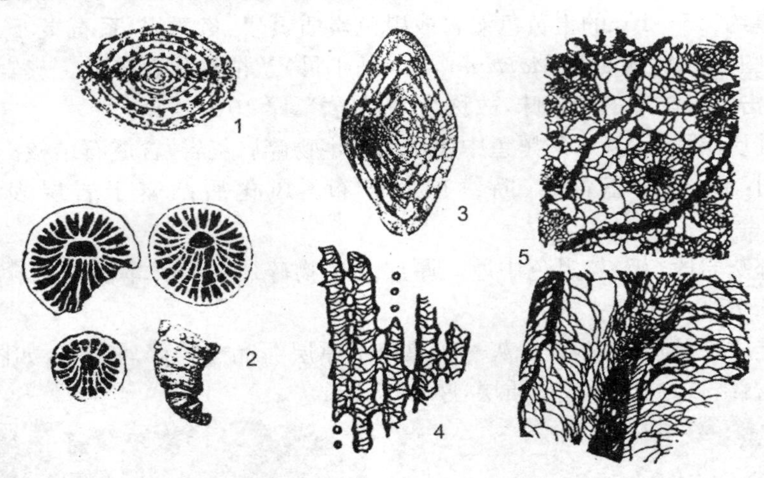

图 1.16　栖霞组䗴和珊瑚化石

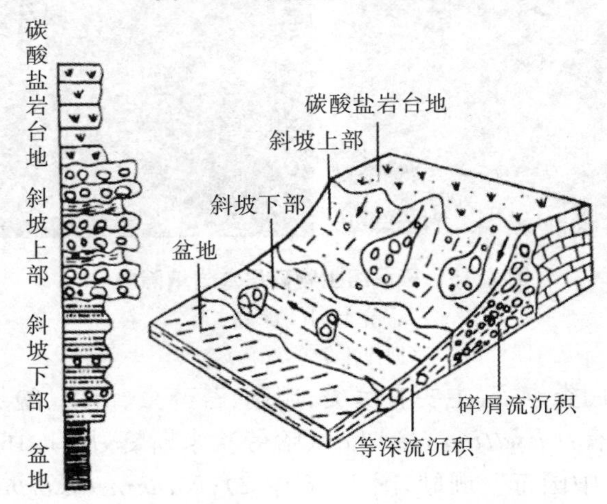

图 1.17　巢湖二叠系栖霞组碳酸盐岩斜坡沉积模式

（据李双应等，2002）

栖霞组以颜色深，含燧石及特有的生物化石有别于其他时代的石灰岩。实习区与石炭系地层一起常构成褶曲两翼，主要出露于平顶山向斜和俞府大村向斜两翼山坡上。

与下伏石炭系上统船山组假整合接触，与上覆孤峰组整合接触。

孤峰组(P_{2g}):叶良辅、李捷(1924)创名于安徽省泾县孤峰镇。按岩性分三部分:下部和上部主要为黄、灰色薄层泥岩或页岩,中部为黑色薄层硅质岩(附图17);局部夹铁锰质泥岩,底部含砾。水平层理发育,产丰富的菊石、腕足、双壳和放射虫类化石,如图1.18所示。底与栖霞组以厚层灰岩消失,含锰页岩出现为界;顶与龙潭组以薄层硅质岩消失、页岩出现为界。

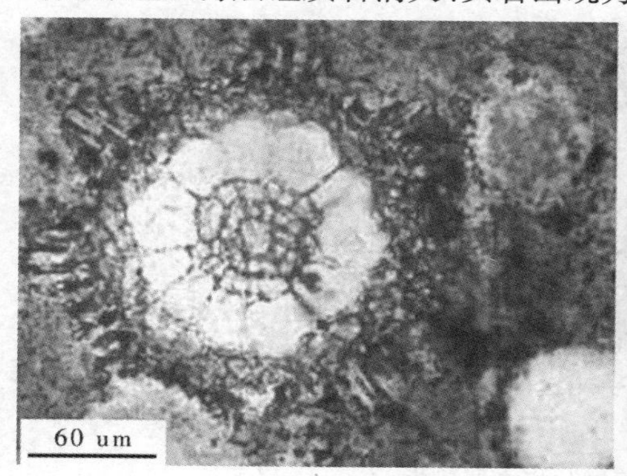

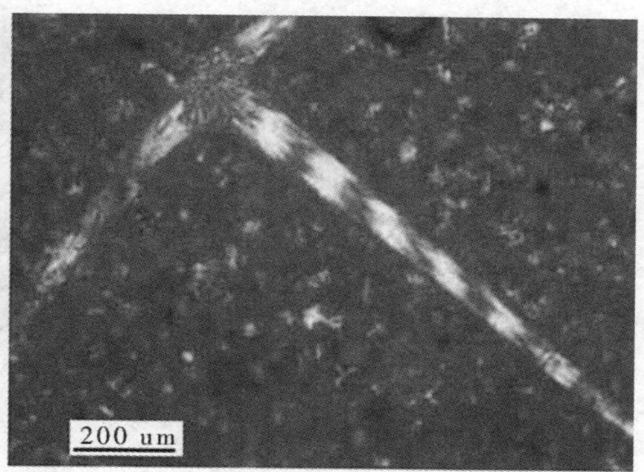

图1.18 巢湖二叠系孤峰组放射虫和海绵骨针
(据杨水源等,2008)

下部泥岩中含锰及磷质结核,页岩中含化石:*Altudoceras* sp.(阿尔图菊石,附图18);*Paraceltites* sp.(拟色尔特菊石)。

本组以放射虫硅质岩发育及泥岩沉积为特征,生物主要以营漂浮生活的硅质放射虫和游泳生物菊石为主。反映了陆棚与半深海之间的交替演变,代表了海侵与海退的反复作用。孤峰组层状硅质岩的形成为生物成因,其硅质来源可能与远源火山喷发物在海水中发生溶解并被放射虫和海绵骨针吸收有一定关系。其沉积时海水为缺氧的水体。中二叠世末本区全面抬升发生海退。

本组在实习区厚度为25.28 m;与下伏栖霞组整合接触。

龙潭组(P_{3l}):原称"龙潭煤系"。丁文江(1919)创名于南京市龙潭镇天宝山。主要由碎屑岩、泥岩及煤层组成,系我国南方广大地区重要含煤层位(附图19)。

下段厚22.92 m,为灰、棕灰黄色粉砂质泥岩、泥岩。顶部为含硅质粉砂质泥岩,含植物化石碎片。该段原称"银屏组"。

上段厚54.75 m,为灰、棕灰、灰黑色薄层泥岩、粉砂质泥岩夹灰黄色中薄至中厚层长石石英砂岩,中、上部含煤,顶部夹有生物碎屑灰岩透镜体,俗称"压煤灰岩"。含植物和腕足类化石,植物面貌与宁镇地区龙潭组 *Gigantopteris* 植物群相当。

含化石：*Gigantopteris nicotianaefolia*（烟叶大羽羊齿）；*Sphenophyllum speciosum*（美楔叶，如图 1.19 所示）；*Pecopteris* sp.（栉羊齿）。灰岩中含化石：*Anderssonoceras anfuense*（安福安德生菊石，如图 1.20 所示）；*Spinomarginifera lopingensis*（乐平刺围脊贝）。

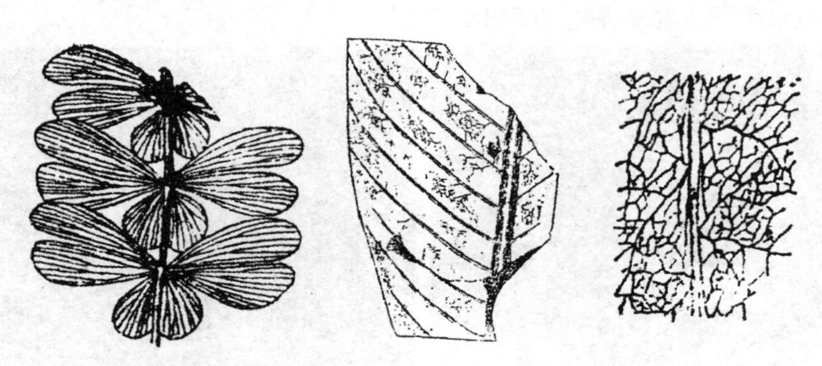

图 1.19　龙潭组美楔叶和大羽羊齿

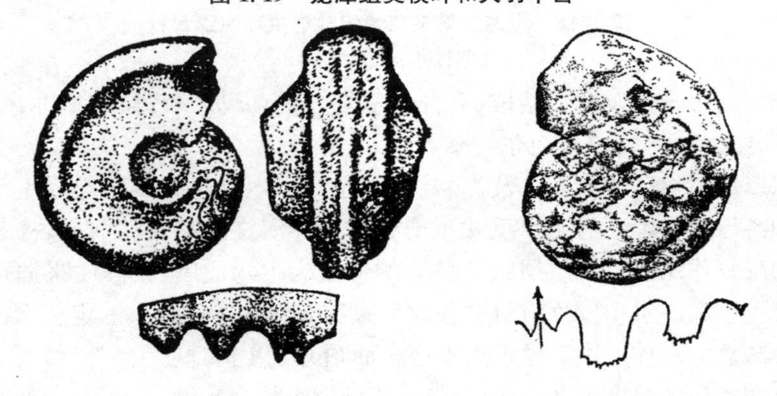

图 1.20　安德生菊石和假提罗菊石

龙潭组富含植物化石，与海相腕足类、双壳类、腹足类等动物化石共生。具波状层理、透镜状层理、交错层理、平行层理、水平层理。岩石组合显示滨海沼泽环境的沉积特征。下部砂岩、含砾砂岩代表海侵作用的开始，属前滨沉积；中部泥岩、粉砂岩、煤线等，属于近岸沼泽沉积，代表地壳的震荡抬升；上部砂岩、泥晶生物碎屑灰岩等属于滨岸至陆棚的沉积环境，代表地壳再次下沉，海侵加强的作用。

本组在实习区厚度为 77.67 m，与下伏孤峰组整合接触，上以大隆组紫色页岩出现为界。

大隆组(P_{3d}):张文佑(1938)创名于广西壮族自治区合山市大隆村。岩性分为上、下两部分:下部为褐色或黑色页岩夹黑色薄层硅质岩,厚16.71 m;上部为灰黑色页岩与泥灰岩互层,厚3.77 m(附图20)。

下部含化石:*Pseudotirolites asiaticus*(亚洲假提罗菊石,如图1.20所示);*Pseudogastrioceras* sp.(假腹菊石);*Huananoceras* sp.(华南菊石)。

本组与龙潭组、孤峰组主要分布于实习区向斜核部,易风化常形成低洼地形。

大隆组发育灰黑色薄层硅质岩、含碳硅质岩及紫色泥岩、碳质页岩、硅质页岩,富含菊石、腕足类及双壳类化石。沉积特征反映了海侵作用继龙潭晚期之后进一步加强,水深连续加大,甚至在碳酸盐补偿深度以下,不利于底栖生物生存,而以游泳的菊石类为主,黑色薄层硅质岩与页岩属滞流缺氧条件下较深水环境沉积。

本组在实习区厚度为20.48 m,与下伏龙潭组整合接触。

1.3　中生界地层

1.3.1　三叠系(T)

实习区三叠系仅保存下、中三叠统,主要为海相碳酸盐岩沉积,上统缺失。主要分布于实习区平顶山向斜核部和马家山一带(如图1.21所示,附图21)。下统分为殷坑组、和龙山组、南陵湖组,中统仅见东马鞍山组。

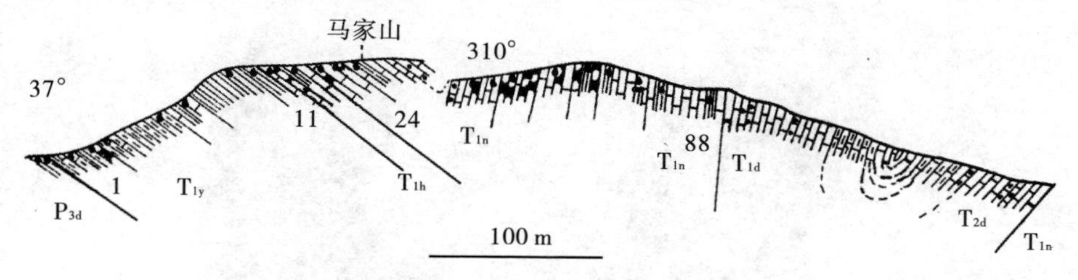

图1.21　马家山三叠系剖面示意图

(据安徽区调队,1986)

殷坑组(T_{1y}):命名于安徽省池州市殷坑。岩性以黄绿色页岩、钙质泥岩为主,局部夹灰色薄层泥灰岩。

含化石:*Ophiceras demissum*(降落蛇菊石);*Claraia wangi*(王氏克氏蛤,如图1.22所示)。

该时期主要沉积以泥岩为主,夹泥灰岩、瘤状灰岩及少量微晶灰岩,发育韵律层理、水平层理,富含动物化石菊石、双壳类、牙形刺等。继承了晚二叠世晚期的沉积环境,由早至晚水体逐渐变浅,即由陆棚边缘过渡为陆棚沉积,总体为陆棚浅海

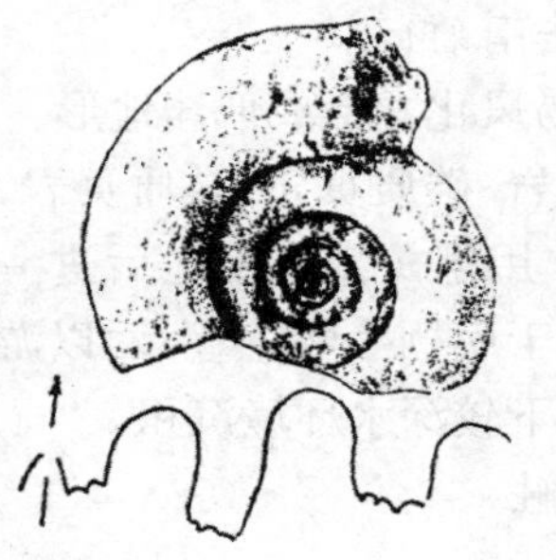

图 1.22　克氏蛤和蛇菊石

较深水沉积。

本组在实习区厚度为 83.76 m，与下伏二叠系大隆组整合接触。

和龙山组（T_{lh}）：命名于安徽省池州市和龙山。岩性主要为灰色薄—中厚层微晶灰岩、瘤状微晶灰岩与黄绿色钙质页岩互层（附图 22），灰岩中水平层理发育。含化石：*Meekoceras* sp.（米克菊石）；*Dieneroceras* sp.（第纳尔菊石）。

本组灰岩多系化学沉积，无颗粒石灰岩，泥质沉积物较多，显示水动力条件弱，且以游泳生活的菊石发育为特征，少底栖生物，表明水体较深，沉积时碳酸钙常发生溶解形成瘤状灰岩。属半深海盆地环境的产物，但其深度应在方解石补偿深度以上。

本组在实习区厚度为 21.24 m，与下伏殷坑组整合接触。

南陵湖组（T_{ln}）：命名于安徽省南陵县南陵湖。岩性主要为中厚—厚层微晶石灰岩（附图 23），局部夹薄层泥灰岩、瘤状灰岩，其中见三层砾屑灰岩。

含化石：*Anhuisaurus chaoxianensis*（巢县安徽龙，如图 1.23 所示）；*Majiashansaurus faciles*（小巧马家山龙）；*Subcolumbites* sp.（亚哥伦布菊石）。

图 1.23　巢县安徽龙

（据安徽区调队，1986）

本组以灰泥微晶石灰岩为主，其中所见砾屑灰岩为重力流沉积。生物以游泳的鱼龙类、菊石类为特征，属陆棚斜坡环境沉积。

本组在实习区厚度为 170 m；与下伏和龙山组整合接触。

巢湖地区下三叠统菊石生物地层自下而上可以划分为6个菊石带：*Ophiceras-Lytophiceras* 带、*Gyronites-Prionolobus* 带、*Anasibirites* 带、*Flemingites-Euflemingites* 带、*Columbites-Tirolites* 带和 *Subcolumbites* 带，它们是区域乃至全球标志性的化石带(童金南等，2004)。

巢湖平顶山西坡剖面被提出作为全球印度阶、奥列尼奥克阶界线的层型候选剖面，如图1.24所示。牙形石 *Neospathodus waageni* 的首现点可作为该界线(也是殷坑阶与巢湖阶界线)定义的首选标志，菊石 *Flemingites-Euflemingites* 带是该界线的参考标志，界线辅助标志包括磁极性反转、碳同位素漂移以及火山事件层等(童金南等，2005)。

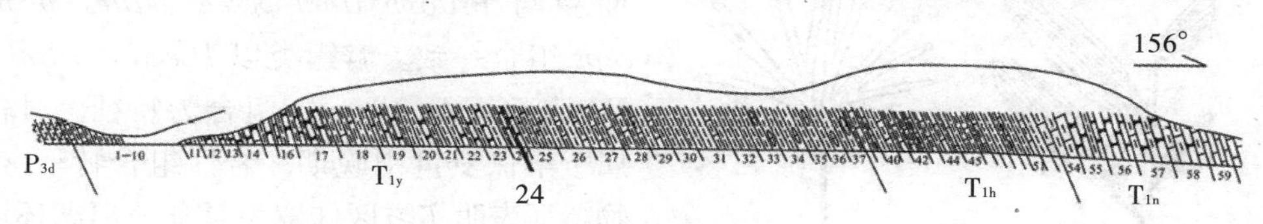

图1.24　平顶山下三叠统巢湖阶/殷坑阶界线

(据童金南等，2005)

郭刚等(2007)以野外剖面岩性变化为基础，辅以岩石磁化率分析方法，推算出印度期地质时限约为1.1 Ma，对应的地层平均沉积速率(成岩压实后)约为3.7 cm/ka。当时的沉积环境较为稳定，印度阶—奥伦尼克阶界线的年龄值为251.5 Ma。

李双应(2000)研究了南陵湖组中的火山碎屑流沉积。中酸性的火山碎屑岩主要由火山角砾岩、晶屑—玻屑凝灰岩和凝灰质灰岩组成，厚1.8 m，呈斑杂状肉红色，距南陵湖组顶部约 15～20 cm，沉积环境属于深水斜坡—盆地相。南陵湖组火山碎屑流沉积的发现，表明早三叠世晚期该区存在着明显的海底火山活动。

东马鞍山组(T_{2d})：命名于安徽省安庆市月山镇东马鞍山。岩性主要为灰白色或紫色薄—中厚层泥晶粉晶白云岩夹薄层微晶石灰岩。见多层中厚—厚层膏溶白云质角砾石灰岩，风化面常具网状、蜂窝状和溶洞状构造。底部泥晶白云岩中见针状石膏假晶，少见化石。

本组白云岩、膏溶角砾岩发育（附图 24），可见波状、微波状、水平层理和条带状构造及广盐度双壳类和腕足类化石。沉积特征反映了封闭、半封闭的蒸发台地潮上低能沉积环境。即继南陵湖组沉积以后，发生海退的结果。

东马鞍山组沉积之后，受印支运动的影响，本区褶皱隆起，整体抬升，海水全部退出，从此结束了该区长期以来的海洋环境沉积。

本组厚度 191.28 m，未见顶，与下伏南陵湖组整合接触。

1.3.2　侏罗系(J)

巢湖地区侏罗系主要为陆相碎屑岩、火山碎屑岩。

磨山组(J_{1m})：主要为灰白、灰黄中厚—厚层中细粒、粗粒长石砂岩、长石石英砂岩、岩屑砂岩、岩屑长石砂岩，夹粉砂岩、粉砂质泥岩。

含植物化石：*Ptilophyllum pecfen*（栉形毛羽叶）；*Podozamites lanceolatus*（披针苏铁杉）；*Baiera gracilis*（纤细拜拉，如图 1.25 所示）；还有叶肢介、瓣鳃类、鱼类等化石。

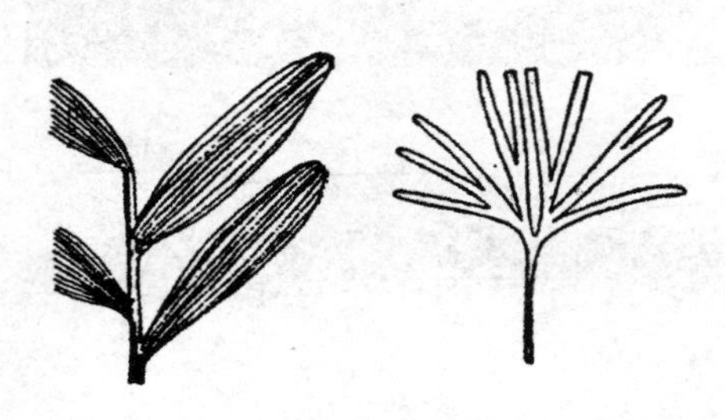

图 1.25　披针苏铁杉和纤细拜拉

灰黄色粉砂岩中含丰富的植物化石，面貌与 *Ptilophyllum pcren-Todites princeps* 组合一致。瓣鳃类以 *Pseudocardinia-Ferganoconcha-tutuella* 组合为特征。时代属于早侏罗世中晚期。岩性组合特征、生物特征表明实习区侏罗系是陆地河湖环境的产物。碎屑岩中长石、岩屑含量高，表明在快速搬运和堆积的情况下形成，反映当时本区构造活动强烈、地势差异大，物理风化作用强。

实习区内侏罗系出露零星（附图 25），仅铸造厂附近、俞府大村出露部分地层，但现已大多被建筑物覆盖。

侏罗系地层角度不整合于三叠系或古生界之上，厚度超过 450 m，如图 1.26 所示。

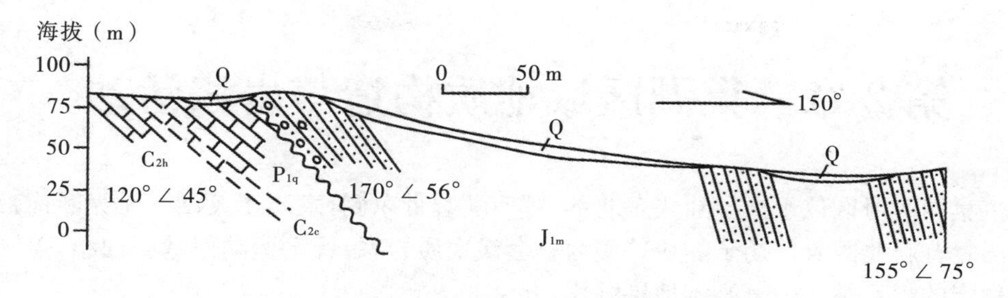

图 1.26　巢湖铸造厂西侏罗系地质剖面示意图

（据西北大学地质学系，2007）

1.4　新生界地层

实习区新生界主要为第四系，为中更新统（Q_2）洞穴堆积及全新统的残坡积物，为各色黏土、亚黏土、碎屑混杂物，不整合于下伏各系地层之上。实习区北部猫耳洞附近栖霞组溶洞中更新统洞穴堆积中见丰富的哺乳动物化石，主要有：*Hyaena licenti chaoxianensis*（巢县鬣狗）；*Megaloceros youngi*（杨氏大角鹿，如图 1.27 所示）；*Dicerorhinos choukoutienensis eurymylus*（宽臼周口犀，如图 1.27 所示）；*Muntiacus* sp.（麂）。形成时代为中更新世。

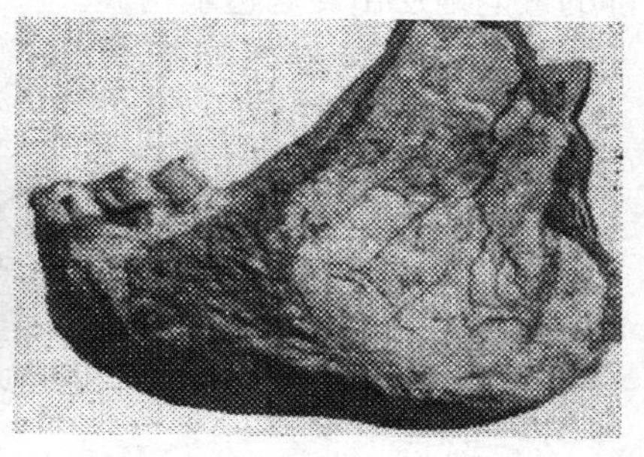

图 1.27　宽臼周口店犀和杨氏大角鹿

（据刘嘉龙等，1982）

第 2 章　巢湖区域地质构造与岩浆活动

巢湖实习区位于扬子陆块东北部、郯庐断裂带东侧，隶属于巢湖—无为断褶带半汤复背斜北西翼。扬子陆块基底为一套浅变质岩系，晋宁运动使基底固结，盖层为稳定的震旦系—中三叠统地层沉积。

半汤复背斜核部为震旦系灯影组白云岩构成，轴迹方向 20°，轴面西倾，倾角约 80°。复背斜西翼出露奥陶系、志留系—三叠系地层，并发育三个二级褶皱。

印支期强烈的褶皱造山运动，奠定了本区的构造格架，产生了 NNE-SSW 向褶皱，并伴有一系列的断层发育。岩浆活动微弱，区内仅见几个小的花岗质岩脉。

2.1　实习区褶皱

实习区由三个二级褶皱组成，自东向西分别为俞府大村向斜、凤凰山背斜和平顶山向斜，如图 2.1 所示。褶皱岩层由志留系—三叠系构成。俞府大村向斜和平顶山向斜，核部的最新地层分别为二叠系龙潭组和三叠系东马鞍山组，凤凰山背斜核部的最老地层由高家边组构成。

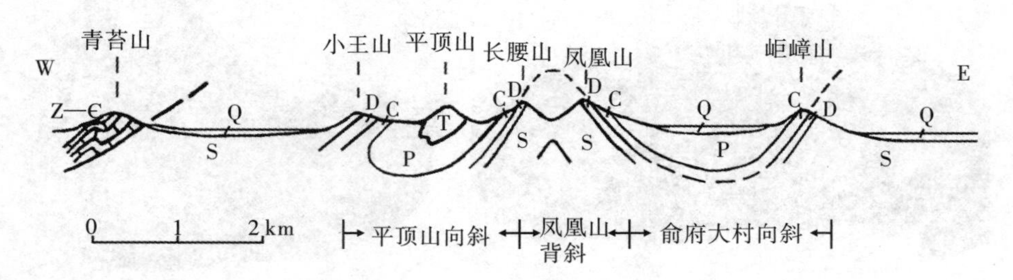

图 2.1　巢湖凤凰山地区地质构造剖面示意图

2.1.1　**俞府大村向斜**

轴迹位于俞府大村、炭井村、力士林场一线，轴向 30°，向斜向南开阔，力士林场向北紧闭，长度超过 10 km。

核部地层为龙潭组(P_{31})，翼部为孤峰组至志留系高家边组。两翼产状正常，北西翼倾向 110°～145°，倾角 50°～85°，南东翼倾向 270°～300°，倾角 40°～60°。枢纽向北东仰起，仰起角 3°左右，轴面倾向 300°，倾角 84°，属直立褶皱。与向斜伴生的有北北东向和北西向断层，在断层附近地层产状变陡，局部有花岗斑岩侵入(附

图 26)。

2.1.2　凤凰山背斜

轴迹位于凤凰山、7410 厂、灯塔林场一线，轴向 30°，延伸长约 10 km，南端稍有弯曲。

核部为高家边组中段，北西翼为志留系高家边组上段至三叠系东马鞍山组，南东翼至二叠系龙潭组(P_{3l})。两翼产状基本正常，北西翼倾向 295°～315°，倾角 50°～60°，南东翼倾向 110°～145°，倾角 50°～85°，局部倒转。枢纽向南西倾伏，凤凰山以北倾状角 5°左右，向南约 26°，轴面倾向 300°～320°，倾角 80°以上，为线性斜歪褶皱。

坟头组砂岩在凤凰山顶部组成背斜核部(附图 27)。凤凰山东峰、西峰五通组底部砾岩、砂岩在南峰汇合，倾没于巢湖水泥厂之下被第四系掩盖，如图 2.2 所示。

狮子口一带出露的核部地层为志留系高家边组(附图 28)。由于背斜核部由坟头组和高家边组的岩屑砂岩、粉砂质泥岩和页岩等岩性组成，抗风化能力较弱。加之背斜核部岩层中张裂隙发育，故在麒麟山—马鞍山—大尖山和长腰山—碾盘山之间的地貌特征上表现为背斜谷特征(附图 29)。

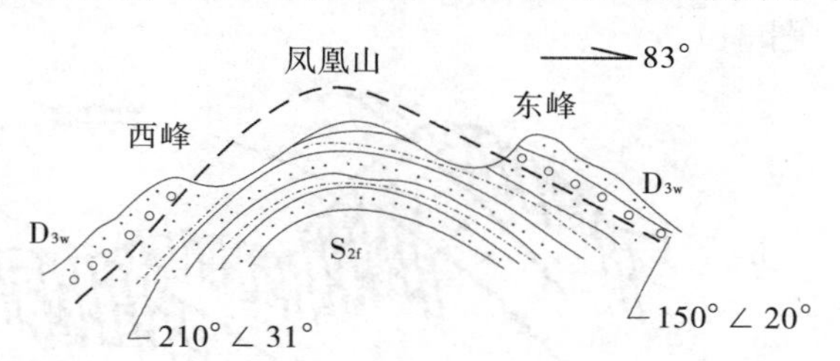

图 2.2　凤凰山背斜转折端剖面示意图

(据王道轩等，2005)

2.1.3　平顶山向斜

核部最新地层为中三叠统东马鞍山组(T_{2d})，翼部为下三叠统南陵湖组、和龙山组、殷坑组—下志留统高家边组(附图 21、23)。产状南北各异，平顶山以南，两翼均向西倾，其中北西翼较陡，倾角 68°以上，南东翼倾角 50°～60°。往北两翼正常，北西翼倾向 110°～130°，倾角约 75°，南东翼倾向 280°～305°，倾角 46°～65°。枢纽北东向仰起，仰起角 28°～37°，自平顶山向北逐渐平缓。自平顶山沿北东方向，向斜核部地层依次为三叠系南陵湖组、二叠系栖霞组(附图 30)、石炭系黄龙组和泥盆系五通组。

轴面在平顶山以南倾向西，倾角 75°左右，北部近于直立，故轴面弯曲，属直立、倒转褶皱。褶皱轴向约 30°，延伸长约 8 km。

该向斜在马家山以南次级褶皱发育。靠山黄背斜核部为南陵湖组，翼部为东马鞍山组，两翼产状均倾向西，西翼 80°，东翼 35°～46°，轴向近南北，为同斜褶皱。

根据褶皱所卷入的地层为震旦系至中三叠统，而侏罗系不整合覆盖在古生界地层之上，推断实习区褶皱构造印支期形成。

2.2 实习区断层

本区由于多期构造活动，特别是受青苔山断层活动的影响，断层较为发育。但断层规模均较小，局部地段产出北东向逆断层和北西向平移正断层。

2.2.1 青苔山逆断层

位于实习区西部青苔山—殷家山东麓，走向 50°，倾向北西，倾角约 60°，上盘地层为震旦系灯影组，下盘为志留系高家边组。断层碎粉岩带宽约 1～2 m，分布稳定，原岩为白云质灰岩。碎粉岩中发育有平行于滑脱面的破劈理，大量的小型次级断层及擦痕和镜面。断层出露长度 5 km，地层断距达 1 km(如图 2.3 所示，附图 31)。

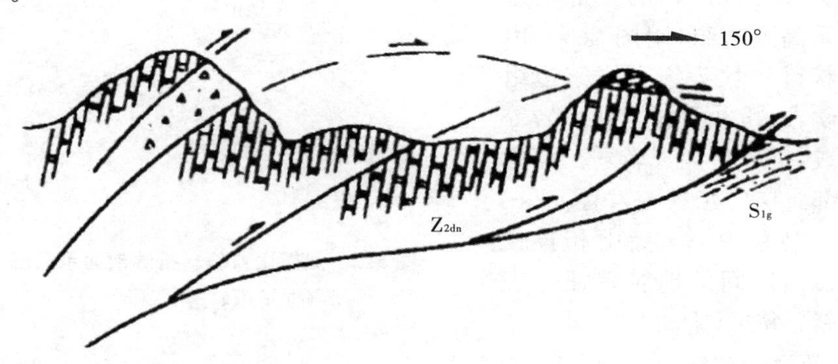

图 2.3 青苔山逆断层构造剖面示意图

(据宋传中等，1999)

2.2.2 222 高地逆断层

位于平顶山水库—199 高地—222 高地一带山麓南东坡，走向 20°～30°，倾向北西，倾角约 40°～46°，上盘地层为石炭系和州组、黄龙组，下盘为二叠系栖霞组灰岩。断层破碎带宽约 1～2 m，原岩为和州组炉渣状灰岩。断层下盘近断层面栖霞组下部灰岩中节理密集，并发生牵引现象。断层面上见有擦痕和镜面。断层出露长度超过 1 km(附图 32、33)。

2.2.3 平顶山西逆断层

位于平顶山西侧 109 高地—158 高地—161 高地一线，走向 50°，倾向北西，倾角约 40°。断层上盘为泥盆系五通组地层，产状倒转，倾角 80°，逆掩在石炭系下统和州组地层之上，缺失部分地层。断层带中见有金陵组断夹块，带宽约 3 m，断层走向长约1.1 km(附图34)。

2.2.4　狮子崖逆断层

位于麒麟山与凤凰山鞍部沟谷内。走向65°,倾向北北西,倾角约60°～80°。断层上盘坟头组砂岩和五通组石英砂岩直接接触,断层下盘五通组砂岩产状122°∠48°,断层面倾向与地层倾向相反。断层带断层角砾岩厚1～2 m,硅质和铁质胶结,形成"独立石",又名"狮子崖"(附图35)。

2.2.5　金银洞北逆断层

位于金银洞北山皖维集团东采石场东坡,俞府大村向斜东翼。上盘地层为石炭系上统黄龙组、船山组,二叠系下统栖霞组,地层产状为305°∠40°。下盘依次为二叠系栖霞组,石炭系船山组、黄龙组。地层顺序重复,断层面附近栖霞组黑灰色中厚层沥青质灰岩因受挤压呈透镜状,发育构造透镜体及角砾岩。断层面倾向北西,倾角60°～70°,断层走向长约500 m。断层面倾向与地层倾向相同,断层面倾角大于地层倾角,具地层重复的断层效应,平行于俞府大村向斜枢纽的逆断层(如图2.4所示,附图36)。

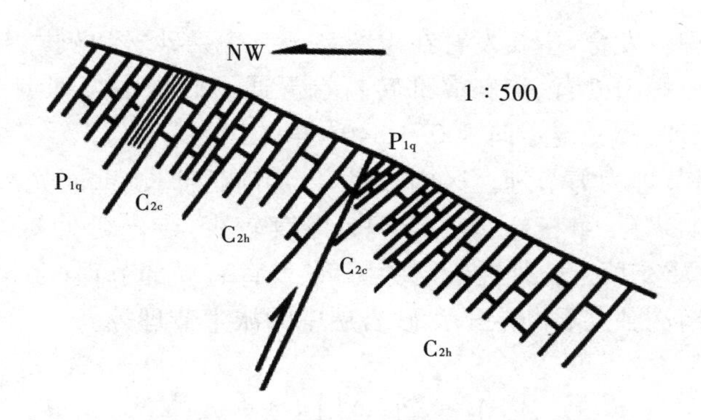

图2.4　金银洞北逆断层剖面示意图

2.2.6　177高地右行平移正断层

位于俞府大村向斜东翼177高地南,向东延至岠嶂山,向西横切177高地南坡。断层面倾向20°～50°,倾角45°～60°,具有泥盆系—二叠系栖霞组地层沿走向错移,负地形地貌、断层角砾岩带等特征,断层走向长约1 km,属右行平移断层。断层证据有:(1) 石炭系高骊山组沿走向突然中断,与黄龙组直接接触;(2) 断层破碎带宽5～8 m,主要为碳酸盐角砾;(3) 断层带旁侧节理、劈理发育明显,断层带中发育大量方解石脉,与断层线锐角相交;(4) 沿断层线向东追索,可见泥盆系五通组组成的山脊被明显错开而形成错脊。该断层北盘下降东移,南盘上升西移。

2.2.7 王乔洞右行平移正断层

断层经王乔洞南侧冲沟，过俞府大村向斜北西翼切割志留系、泥盆系地层，向东延至岠嶂山，向西延至甘露寺东侧，地表出露长度约 700 m。

断层面不明显，断层走向约 300°，其主要证据是沿断层带发育的花岗岩岩脉成串珠状排列。以五通组底部砾岩为标志，北盘东移，南盘西移。

2.2.8 大尖山右行平移正断层

位于大尖山俞府大村向斜西翼。断层切割志留系—二叠系，向东延至岠嶂山，向西延至碾盘山南。断层地表出露长度约 800 m，断层面产状 10°∠60°。断层证据有：(1) 断层破碎带宽约 50 m，带内多为尖棱角状断层角砾岩，角砾成分为泥盆系五通组石英岩砾岩和石英砂岩，铁质胶结；(2) 泥盆系五通组底砾岩被错开，南盘西移，北盘东移，错距约 80 m；(3) 地貌上表现为山脊错开，形成鞍部（王道轩等，2005）。

2.3 实习区节理

实习区节理较发育，主要发育在志留系—三叠系砂岩和灰岩中。据长腰山、凤凰山、大尖山、岠嶂山处背、向斜翼部转折端五通组砂岩中节理点走向玫瑰花图展示，共有 3 组节理：第一组走向 300°～340°，第二组 30°～75°，第三组约 285°。

第一、二组节理为剪节理。区内较发育，走向延伸长，壁面光滑、平直、壁闭合，无充填物（附图 37）。第三组为张节理。发育较少，走向延伸短，壁面粗糙，壁距 2～5 mm，有铁质充填。此外在断层旁侧，还发育有局部节理，多相互平行，密集排列。如凤凰山南沟独立石断层下盘砂岩层中的派生节理等。

2.4 实习区侵入岩

实习区内岩浆岩与围岩的接触关系均为侵入接触。

除狮子口岩体侵入下志留统高家边组外，其余岩体均侵入石炭系、二叠系地层。岩体规模均不大，侵入体面积为 100～400 m^2。呈岩株、岩脉、岩枝状产出，属于浅成、超浅成侵入体。侵入岩岩性单一，为花岗斑岩或花岗闪长斑岩的单相岩体。具同位素测年结果，认为侵入时代为晚白垩世。

2.4.1 狮子口岩体

位于狮子口西北部约1500 m处，出露于凤凰山背斜核部。长椭圆形分布，面积约 400 m^2。岩体侵入下志留统高家边组中段黄绿色粉砂质泥岩中，岩株状产出。

岩性为黑云母花岗斑岩，岩石浅灰色，斑状结构。斑晶主要为斜长石，大小约 0.5～2 mm，含量约 30%，部分被次生绿泥石交代。少量的黑云母，断面呈六边形，并见有绿泥石构成的柱状假晶。石英他形粒状，周围有明显的熔蚀现象。基质具微晶结构，成分与斑晶相似。岩石蚀变不明显。在内接触带附近见数厘米到10 cm宽的高岭土化及绿泥石化蚀变圈。在外接触带中，未见围岩有明显的蚀变现象，紧靠岩体处粉砂质页岩有轻微的烘烤现象。

2.4.2　王乔洞岩体

位于王乔洞洞口南侧约30 m处，俞府大村向斜北西翼。岩体呈近圆形，面积约 160 m^2。岩体侵入下二叠统栖霞组下段灰黑色中厚层微晶灰岩中，在岩株的南接触带呈树枝状侵入围岩。

岩体的岩性为细粒花岗斑岩。岩石呈浅灰—浅灰黄色，斑状结构。斑晶主要由斜长石组成，粒径约 0.05～1 mm，含量约 20%；少量的钾长石呈不规则状，黑云母有暗化的现象。基质为微晶的钾长石、斜长石和石英组成。岩石中含有锆石、磷灰石、石榴石、金红石、赤铁矿、磁铁矿、黄铁矿等副矿物。

在岩体内接触带中，岩体边缘斑晶明显变小。显示冷凝边现象，并具叶腊石化。在外接触带围岩中可见1 cm宽的烘烤边及5～10 cm宽的硅化及角岩化带。

2.4.3　炭井村岩体

位于炭井村北小溪边，出露于俞府大村向斜核部。出露面积约 100 m^2，围岩为上二叠统龙潭组长石石英砂岩。岩体的岩性为花岗闪长斑岩。岩石浅灰色，具斑状结构。斑晶主要为斜长石，半自形板状。含量约 20%；少量的黑云母呈片状，并见有熔蚀现象。石英斑晶呈他形粒状。基质颗粒细小，与斑晶成分相同。

岩体的 SiO_2 含量约 68%～70%，Al_2O_3 含量为 14%～15%，为硅、铝过饱和岩石。

2.4.4　岠嶂山岩体

出露于岠嶂山西坡，俞府大村向斜南东翼。岩体长椭圆形，出露面积 100 m^2，侵入栖霞组下段微晶灰岩中。岩性为花岗闪长斑岩。岩石呈浅灰色，具斑状结构。斑晶主要由斜长石(20%)、黑云母(10%)和少量石英(2%～3%)组成。斜长石板状，大部分已被绢云母、绿泥石交代，粒度为 0.5～1 mm。黑云母片状，有暗化现象。石英斑晶有熔蚀现象。基质具微晶结构，成分与斑晶相似。岩体内部见灰岩捕虏体，大小约 0.5～1 m，并发兰硅化(如图 2.5 所示，附图 27)。

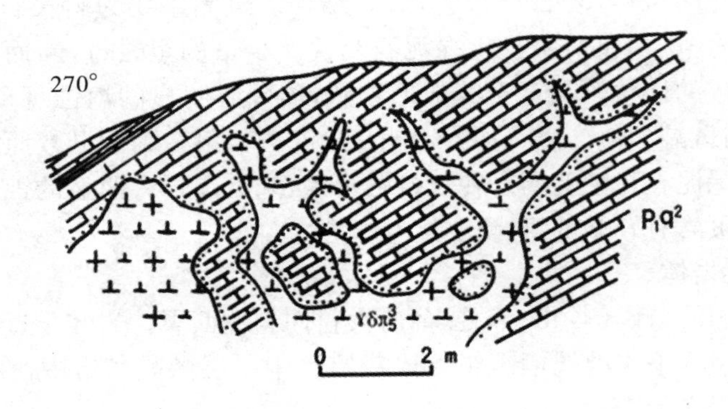

图 2.5　岠嶂山花岗闪长斑岩侵入体素描图
（据王道轩等，2005）

2.5　郯庐断裂带简介

郯庐断裂带由原地质部航测大队 904 航空磁测队于 1957 年首先从航磁异常上发现，命名为郯城—庐江异常带。1964 年，徐嘉炜教授在总结多年研究成果的基础上，著文论证了郯庐断裂的平移运动。20 世纪 80 年代，进一步收集和分析了大量的地质、地球物理资料，更加系统地论证了郯庐断裂带左型大平移的特征、平移幅度、速率、平移时代和变化规律，以及中国东部古构造的再造和地质成矿意义等一系列重要问题。

郯庐断裂带是西太平洋东亚大陆边缘上一系列北北东向断裂系中的巨型断裂带。它南起长江北岸的湖北广济，经安徽太湖、潜山、庐江、肥东、嘉山；江苏泗洪、宿迁；山东郯城、潍坊而穿越渤海，过沈阳后分为两条，即西支的依兰—伊通断裂带和东支的密山—抚顺断裂带，总体呈北北东向延伸，中国境内长达 2400 km，总体走向 25°～40°，平面形态呈“S”形，如图 2.6 所示。

郯庐断裂带在苏皖段长约 550 km，南部出现在大别造山带东缘，呈北东 40°延伸；安徽段北部出现在合肥盆地与张八岭隆起带之间，呈北东 25°～30°延伸，宽 10～20 km，自北向南宽度运渐变窄，并构成华北板块与扬子板块的断裂边界。

郯庐断裂带断层岩主要有两种类型：韧性走滑剪切形成的糜棱岩系列和拉张作用、挤压作用形成的碎裂岩系列。断裂带的性质有三种类型，即走滑期的平移断层、伸展期的正断层以及挤压期的逆断层，是郯庐断裂带多期构造演化的结果。

该断裂带经历了晚三叠世至早白垩世的左旋走滑运动，晚白垩世至古近纪的伸展运动和新近纪以来的挤压逆冲活动的演化。演化规律与中国东部大地构造演化一致，主要受控于太平洋区板块运动所产生的区域应力场。

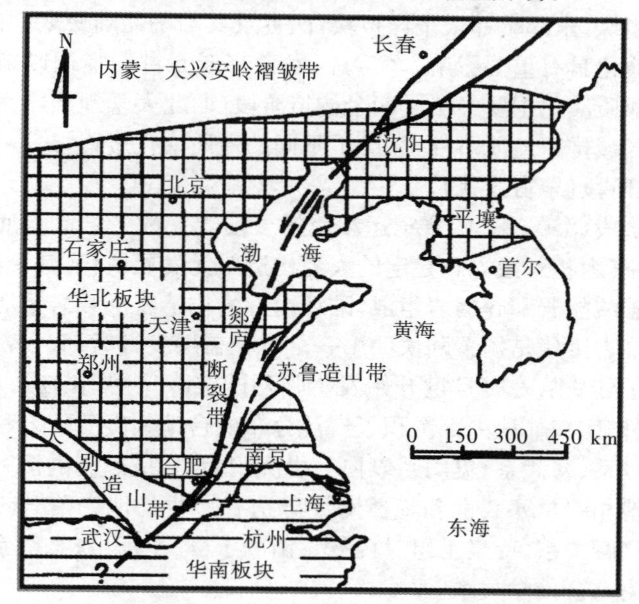

图 2.6　郯庐断裂带构造简图

（据朱光等，2004b）

郯庐断裂带的大规模平移结果，使中国东部前期的构造单元被左行错移。最突出的安徽段，原先近东西向的大别—苏鲁造山带左行错移达 550 km。而苏鲁造山带在向北错移中又发生了牵引弯曲，使两造山带之间沿郯庐断裂带残留了北北东向延伸的张八岭隆起带。

郯庐断裂带由于平移运动中的走滑隆升和后期断陷活动中的差异性抬升，在现今断裂带上的地表主要呈现为北北东向的走滑糜棱岩带。尤其在大别造山带的东缘和张八岭隆起带南段，陡立的走滑糜棱岩、超糜棱岩大量出露地表（王道轩等，2005）。

郯庐断裂带在安徽肥东段发育典型，露头较好，各种断裂变形现象典型、直观，是地质专业学生学习的良好场所。

2.6　巢湖区域地质发展简史

地球的岩石圈构造演化具有明显规律性的旋回特征，这种全球性的构造旋回现象被称为构造旋回。构造阶段主要是根据造山带旋回划分的。在一个旋回期，通常有一系列的洋盆相继闭合形成造山带，这个时期即为一个构造阶段。实习区位于扬子陆块边缘，东部毗邻太平洋板块，两者及其与华北陆块之间的相互作用对实习区的地质演化具有重要影响。实习区发育有新元古代晚期以来的地质记录，反映出该区的地质演化主要经历了四个构造阶段（西北大学地质学系，2007），分别受控于不同的区域构造地质事件，经历了不同的地质演化过程。

2.6.1　加里东阶段（早古生代）

吕梁晋宁阶段（850 Ma）的晋宁运动使扬子陆块完成了结晶基底的克拉通化。此后，扬子陆块作为相对独立和稳定的大地构造单元发展演化，其上的沉积盖层主要由滨浅海的碳酸盐岩和碎屑岩组成，陆块内部的构造变形和岩浆活动相对较弱。

震旦纪—早古生代是扬子陆块的第一个沉积盖层发育时期。晋宁运动之后的构造松弛使扬子陆块从晚震旦世开始发生强烈的沉降作用，在陆块内部引起了广泛的海侵，海侵作用在陆块内部沉积了广泛分布的台地相碳酸盐岩和细碎屑岩。

实习区震旦系、寒武系、奥陶系以白云岩沉积为主，呈海侵的沉积序列，形成于浅海碳酸盐台地相。早寒武世和晚奥陶世分别有短暂的地壳抬升，在相应层位形成平行不整合接触关系（冷泉王组/灯影组；山凹丁群/半汤组；志留系/奥陶系），其余各地层之间为整合接触关系。

下志留统高家边组中、下段地层形成于半深海至深海环境。从早志留世晚期开始，该区地壳抬升，水体逐渐变浅，高家边组上段和坟头组地层形成于广海陆棚环境。

志留纪晚期的加里东造山运动对本区的沉积环境变化具有显著影响，使得本区地壳大规模抬升，发生海退，造成本区上志留统—中泥盆统沉积地层的缺失。

2.6.2　海西—印支阶段（晚古生代和三叠纪）

扬子陆块从晚泥盆世开始再次发生新一轮的海侵旋回，在海水进退交替频繁的过程中，发生了多次次级的海水进、退过程，表现为多个地层层位之间存在短暂的沉积间断。实习区在经历了晚志留世—中泥盆世的隆起、剥蚀过程之后，晚泥盆世发育了五通组以砾岩、石英砂岩和粉砂岩、页岩为主的滨海、潮间带碎屑岩沉积，这是海侵初期在本区的反映。

本区石炭系地层主要形成于碳酸盐台地和潮坪环境，早石炭世晚期曾发生海退，遭受风化和剥蚀；二叠系栖霞组形成于碳酸盐岩台地边缘斜坡环境，孤峰组沉积时为陆棚与半深海交替演变的环境。中二叠世末本区全面抬升发生海退，沉积了滨海沼泽和陆棚环境的龙潭煤系。二叠纪末期本区为滞流缺氧条件下的半深海、深海环境，反映当时的海侵作用已达到相当的规模。

中三叠世末期（225 Ma）扬子陆块与华北陆块碰撞造山（Li et al.，1994），印支运动形成了大别—苏鲁造山带。发生在扬子和华北陆块之间的印支期碰撞造山运动对本区沉积环境的变化和地质构造的形成具有“承前启后”的划时代意义。一方面使本区从中三叠统东马鞍山组蒸发台地相蒸发岩沉积开始呈现出明显的海退过程，晚三叠世开始本区全面上升为陆地，从而结束了本区自新元古代晚期开始的海洋沉积历史；另一方面，印支运动过程中强烈的南北向碰撞挤压应力使本区震旦系—三叠系地层发生强烈的褶皱变形和断裂活动，形成一系列紧闭的线状褶皱和断裂构造，奠定了该区现今地质构造的基本轮廓。

实习区侏罗系地层角度不整合于不同时代的下伏地层之上。

2.6.3　燕山阶段(侏罗纪—白垩纪)

印支运动以后，中国东部地区在侏罗纪—白垩纪期间的地质演化主要受控于太平洋板块向欧亚大陆之下的俯冲活动，而进入一个崭新的大陆边缘活动带发展阶段。古生代期间形成的稳定地块此时被活化，岩浆活动强烈，沉积环境不均匀性加强，地层间频繁出现不整合接触关系。

侏罗纪时太平洋板块向北西俯冲于欧亚大陆之下，中国东部处于弧后伸展环境，下扬子地区零星接受侏罗系沉积。巢湖地区局部发育了河湖相的磨山组(J_{1m})、罗岭组(J_{2l})碎屑岩沉积，毛坦厂组(J_{3m})主要由火山角砾岩夹凝灰质细砂岩和粉砂岩组成，表明当时的火山活动比较强烈(西北大学地质学系，2007)。

朱光等(2004a)研究认为，郯庐断裂带的左行平移起源于华北、扬子陆块沿大别—苏鲁造山带碰撞造山过程的后期(早侏罗世，190 Ma)，属于同造山走滑构造，该断裂带在造山期可能以转换断层形式出现。

早白垩世太平洋板块沿北北西方向俯冲于欧亚大陆之下，使得中国东部处于强烈的左行剪切的应力环境，郯庐断裂在此背景下发生大规模的走滑运动(130～120 Ma；朱光等，2004b；如图2.7所示)，大别—苏鲁造山带被错开，实习区印支期形成的东西向的构造形迹也受到强烈改造，其延伸方向逐渐被改造为现今的NE向。

晚白垩世太平洋板块对中国东部的影响明显减弱，再次处于弧后伸展环境。该时期发育了强烈的岩浆活动记录，如狮子口、王乔洞的花岗斑岩侵入，实习区NW向的正断层也可能形成于这个时期。

2.6.4　喜马拉雅阶段(新生代)

中国东部新生代以来仍然受控于太平洋板块向西的俯冲作用，基本继承了中生代的大地构造特点，以不均衡的升降和断裂运动为主，缺乏古近系和新近系沉积。白垩纪以后，下扬子地区地壳缓慢抬升，早期形成的不同方向的断裂仍继续活动，逐渐呈现出现今的地壳组成、结构和地貌特征。

第四纪以来，地壳运动主要表现为周期性的波动和不均衡升降，塑造了近代地貌特征。

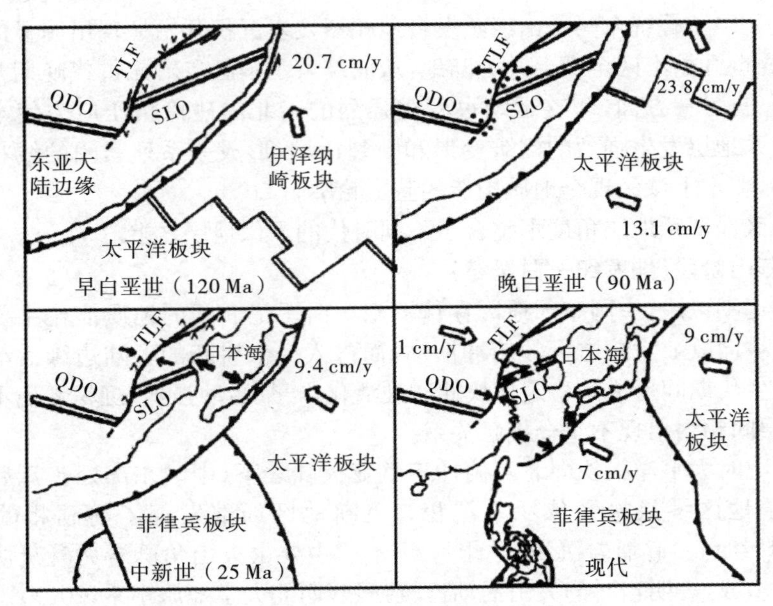

图 2.7　西太平洋白垩纪以来的板块活动演变示意图

（据朱光等，2004b）

TLF. 郯庐断裂带；QDO. 秦岭—大别造山带；SLO. 苏鲁造山带

早更新世地壳缓慢上升，除在紫薇洞等地见有古溶洞堆积物外，主要系河流相杂色含砾亚黏土及砂层沉积。该时期气候温暖湿润，风化作用强烈，亚热带气候特征有利于森林和草原动物的繁衍生息。

中更新世地壳继续抬升，气候转冷，冰川作用遍及低山、丘陵地区，时代相当于大姑冰期。此后气温回升，气候炎热多雨。猫耳洞的哺乳动物化石和银山村古溶洞中发现的猿人化石即属于这个时期。

晚更新世地壳抬升和河流下切作用继续，气候再次变冷，但环境相对稳定，沉积物主要为棕黄色粉质亚黏土，含铁锰结核。正是在这个时期，在多种因素的综合作用下，巢湖的扩展达到鼎盛，一个古巢湖的面貌才得以真正形成（王心源，2007）。

全新世，区内大部分地区仍表现为幅度不等的地壳抬升和河流下切作用。

第3章 巢湖区域资源概况

资源是指自然界和人类社会中一种可以用以创造物质财富和精神财富的具有一定量积累的客观存在形态，如矿产资源、水资源、土地资源、旅游资源等。

3.1 巢湖区域矿产资源

巢湖地质实习基地位于扬子、华北两大不同构造单元的交接部位，郯庐断裂带贯穿全区，历经多次构造运动，地质构造复杂，各时代的地层发育，中酸性为主的岩浆活动在巢北地区较发育，形成了铁、铜、铅、锌、金、煤、磷、萤石、高岭土、碳酸盐岩、黏土、耐火黏土、砂岩等矿产。尤其是作为水泥原料的石灰岩最为丰富，是安徽省重要的水泥原料基地。

3.1.1 石灰岩矿

区内石灰岩发育较好，分布很广，主要成矿时代为石炭纪、二叠纪、三叠纪，矿层多、厚度大，是本区主要矿产之一。根据工业用途不同可分为：化工原料矿、冶金辅助原料矿、水泥原料矿及建筑石料矿。

化工原料石灰岩矿：马脊山(皖维集团东采矿场)矿床，位于俞府大村向斜南东翼。含矿地层为下石炭统和州组、上统黄龙组、船山组及下二叠统栖霞组。以微晶灰岩、球状灰岩为主，该石灰岩矿床可作熔剂和水泥原料(附图36)。

水泥原料石灰岩矿：位于平顶山向斜南东翼(茨苔山水泥石灰岩矿场)，含矿地层为上石炭统黄龙组至下二叠统栖霞组，矿石主要为微晶灰岩组成，总厚度200 m，CaO含量约54%；马家山水泥石灰岩矿场位于马家山、平顶山向斜西翼，含矿地层为下三叠统南陵湖组，总厚约80 m，矿层分布稳定。矿石类型为瘤状灰岩、泥灰岩，主要化学成分为CaO和少量的MgO，CaO含量为31.51%～54.17%。

建筑石料矿：建筑石料矿产主要是石灰岩，分布极广。目前广泛开采利用的主要是石炭系、二叠系及三叠系灰岩，厚度大、单层薄、结构致密、性能好、易于开采，是良好的建筑石料。

3.1.2 耐火黏土、陶用黏土

主要含矿地层为上泥盆统五通组和下石炭统高骊山组。

五通组黏土矿：含矿岩系为五通组上段，含多层黏土岩，以粉砂质黏土为主，层位稳定，厚度变化小。其中有两层：一层为褐黑色黏土岩，另一层为灰白色黏土岩，为本区主要的黏土矿层。矿石成分主要为高岭石、伊利石，少量石英和微量褐铁矿，为含粉砂泥状、泥状结构，块状、薄层状构造。耐火度为1650～1710 ℃，可塑性指数13～17(附图38)。

高骊山组黏土矿：曹家山黏土矿位于巢湖市西北曹家山、平顶山向斜北西翼，含矿岩系为高骊山组下部地层。矿层不稳定，矿体由灰黑、灰红、浅黄、灰白色黏土岩组成。底部为含褐铁矿泥岩，顶板为紫红色泥岩。矿石耐火度为1580～1710 ℃，烧结度为1205 ℃，烧结范围为1205～1330 ℃，白度为53.7%。

3.1.3 煤

巢北地区及其外围邻区含煤岩系有上泥盆统五通组、下二叠统栖霞组(梁山段)、上二叠统龙潭组及下侏罗统磨山组。有工业价值的煤层主要产于龙潭组下段含煤岩系中，为区内主要可采煤层(附图19)。龙潭组煤层平均厚0.5 m，局部厚达7.5 m，呈透镜状、扁豆状、鸡窝状产出。顶底板均为页岩、炭质页岩，少数为粉砂岩。煤层组分以亮煤、暗煤为主，含少量丝炭。煤中有机质总量达41.7%～90.2%，黏土质4.2%～55.2%，硫化物0.4%～5.4%，二氧化硅0.2%～1.6%，属高硫无烟煤。

3.1.4 铁矿

沉积型铁矿：有两个成矿期，即晚泥盆世五通晚期和早石炭世高骊山期。五通期铁矿赋存于五通组顶部(附图6)，矿体呈透镜状、似层状产出，厚度变化大，不稳定。区内除岠嶂山铁矿出露较好，且具一定规模，其他均为铁矿化点；高骊山期铁矿有两个成矿阶段，第一个阶段为高骊山组底部铁矿层(下矿层)，以平顶山向斜北西翼之曹家山(即113高地一带)铁矿为代表，赋存于高骊山组底部，呈透镜状、团块状直接覆盖于金陵组灰岩之上，矿体产状与围岩产状基本一致。第二阶段的上矿层，见于马脊山(即117高地一带)，俞府大村向斜南东翼，呈透镜状产出。

巢北地区下矿层发育较好，上矿层发育较差。铁矿的矿物组成主要为赤铁矿、褐铁矿，微量菱铁矿、黄铁矿，脉石主要为石英和泥质。矿层厚度小，无工业价值。

热液型铁矿：位于俞府大村东约600 m，即皖维集团汽车库北60 m，处于俞府大村向斜南东翼，出露地层有五通组至高骊山组等，矿体受北西—南东向断裂控制，产于构造裂隙和层间空隙中。

矿体呈似层状、透镜状、脉状、楔状产出，产状变化较大。矿石矿物有赤铁矿、褐铁矿、软锰矿、黄铁矿、黄铜矿等，脉石矿物有石英、方解石等。矿体围岩为含泥质粉砂岩，围岩蚀变有高岭土化并见有烘烤现象，与矿体界线清楚。

3.1.5 磷矿

实习区及外围邻区磷矿主要赋存于下元古界肥东群及下二叠统孤峰组。肥东群磷矿主要赋存于浮槎山组、横山组及双山组，分布在竹园庄、秦凹村一带；实习区仅见孤峰组磷矿点零星分布，主要分布于大尖山、曹家山和岠嶂山，均为沉积型。

孤峰组底部磷矿层由含磷泥岩和含磷结核泥岩组成。矿体较稳定，呈层状、似层状产出。矿石类型为含磷泥岩和结核状磷块岩两种。

3.1.6　砂岩矿

冶金辅助原料砂岩矿：含矿层位为上泥盆统五通组下段，矿层厚度较稳定，以凤凰山石英砂矿发育较好，含矿六层，矿层为含砾石英砂岩、细—中粒石英砂岩，总厚约70 m，各矿层顶、底板均为含杂质较多的石英砂岩或粉砂岩。矿石主要为石英，呈砂状、砾状结构，块状构造，SiO_2含量93.94%～97.88%。

水泥配料砂岩矿：含矿层位为中志留统坟头组碎屑岩，现开采点有柴火山和汤家山两处。矿层为坟头组中—细粒石英砂岩、含泥质石英砂岩，顶板为石英砂岩，底板为泥岩或石英砂岩，SiO_2平均含量75%～80%。

3.1.7　白云岩

白云岩主要赋存于双山组下段、灯影组、冷泉王组、半汤组、山凹丁群组下段及土坝组，分布在汤山、青苔山、黄山、观泉一带。

青苔山白云岩矿矿区面积0.7783 km^2，资源量5312万吨。白云岩矿体主要赋存于灯影组下段，矿体走向北东，倾向北西，倾角30°～75°，区内延伸约2528 m；矿体主要由浅灰色—灰色中厚层葡萄状含藻泥晶白云岩、白云岩、微晶夹粉晶白云岩组成(附图2、31)。顶板为浅灰色中厚层碎裂泥晶白云岩夹薄层粗砂状硅质岩，底板为灰红—紫红色含铁砂质硅质层；矿石成分较简单，白云石含量在90%～97%，含少量石英、方解石和泥质等；矿石结构以微晶、泥晶、柱纤结构为主，构造主要为致密块状、葡萄状、叠层、条带状构造等；矿石的化学组分中MgO含量20.12%～21.15%，SiO_2含量多小于1%。矿石工业类型为镁矿(冶镁白云岩)和熔剂用白云岩两种。矿床形成于潮间—潮下低能带局限台地相的含镁碳酸盐建造。

3.2　巢湖区域水资源

巢湖属长江下游左岸水系，如图3.1所示，属中国五大淡水湖之一。流域面积13 486 km^2，水域面积784 km^2，地跨巢湖市、合肥市、六安市等。湖泊东西长54.5 km，南北宽21 km，湖岸线总长184.66 km。多年平均水位8.37 m。沿湖共有河流35条，其中较大的河流有杭埠河、白石天河、派河、南淝河、炯炀河、柘皋河、兆河等。入湖河流呈向心状分布，河流源径流短，区内地势起伏不平，表现为山溪性河流的特性。水系分布也很不对称，杭埠河、白石天河、派河、南淝河、炯炀河、柘皋河等主要河流全来自西部及北部的山地，其中以杭埠河、白石天河、南淝河为巢湖水系的主流，约占整个巢湖流域面积的70%；南部的河流较短，水量也小，有石山河、谷盛河、兆河、十字河、高林河等。巢湖水系的水从南、西、北三面汇入湖内，然后在巢湖市城关出湖，经裕溪河东南流至裕溪口注入长江。

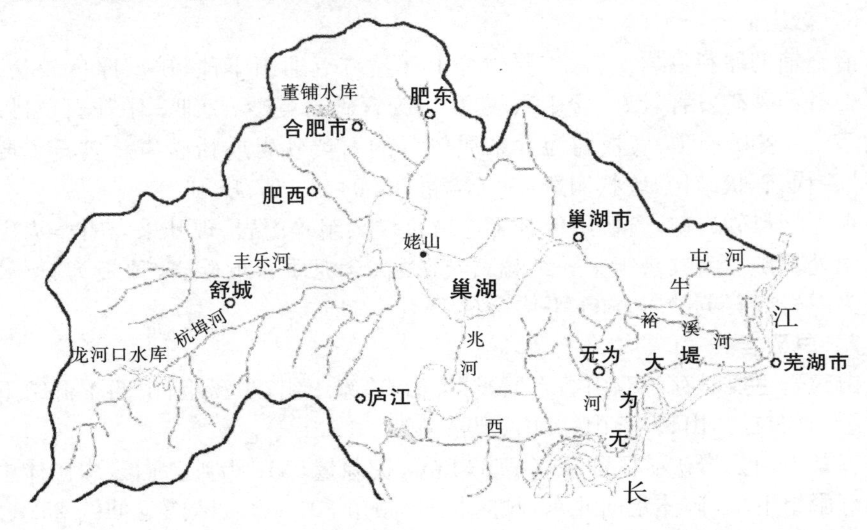

图 3.1 巢湖流域水系示意图

（据周迎秋，2005）

巢湖市年平均降水约1063.8 mm，其中最大年平均降雨量1988.4 mm（1991年），最小534.52 mm（1978年），平均蒸发量987.4 mm，平均径流量7.38亿 m^3。多年平均水资源总量为40.67亿 m^3，其中地表水资源量为40.07亿 m^3，地下水资源量为8.5亿 m^3。全市人均占有水资源量为962 m^3。

特殊的地理位置，使巢湖过境水资源量丰富，其主要来源是巢湖上游和长江径流。巢湖上游多年平均入湖径流量为36.51亿 m^3，最大年径流量为77.77亿 m^3；长江径流的大通站多年平均径流量8400亿 m^3，水资源极其丰富。

另外，巢湖地下热水、矿水较为丰富，已有半汤、汤池、香泉三大温泉为皖中重要的疗养度假胜地。半汤地区地下热水涌水量达1050 m^3/d。

3.3 巢湖区域土地资源

巢湖市土地类型多样，土壤肥力较高，有利于农、林、牧、副、渔全面发展，但人均占有土地面积较小。全市土地总面积2031 km^2,2011年耕地面积889 km^2,人均890 m^2,主要分布在巢北、巢南四个农区内。在长期的自然、社会实践综合作用下,土地的利用结构逐渐形成"山上林和果,山腰茶、竹、麻,平地粮、渔、经"格局。

土壤质地较为适中,pH值一般在5.2~8.0之间,多数中性偏酸。其中高产土壤约占耕地面积33%,这些土壤理化性状良好,土体内水、肥、气、热四大肥力要素供贮协调一致,适应性广,适耕期长,缓冲能力大。

实习区内土壤类型复杂多样,以黄褐土、水稻土、石灰岩土为主,如图3.2所示。

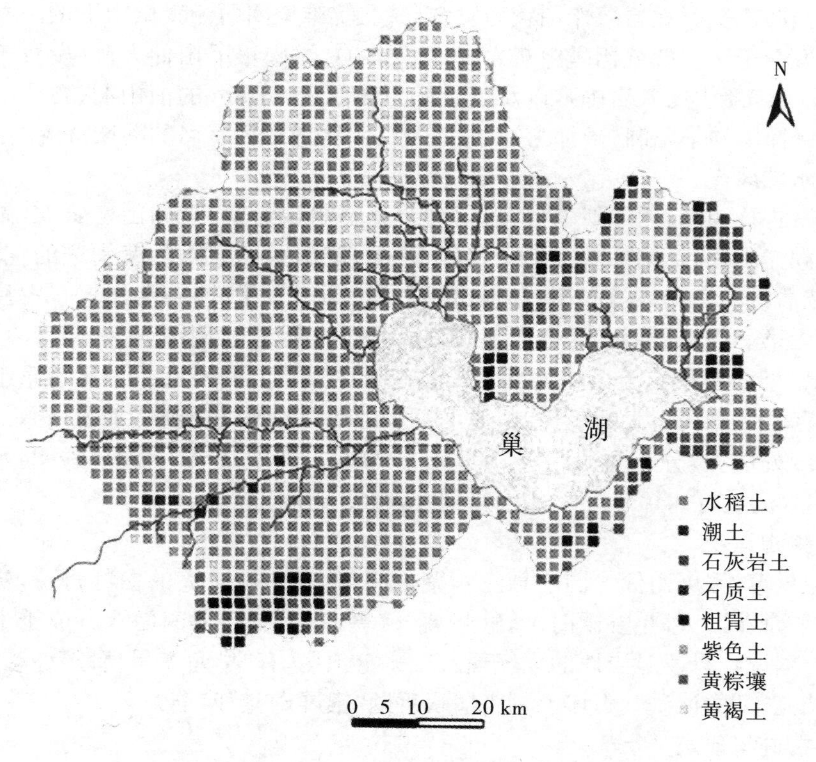

图3.2　巢湖流域土壤类型分布图

(据李斯凡,2012)

3.4　巢湖区域旅游资源

实习区依山傍水,湖光山色,可谓"孤城三面水,落日万重山"。境内风景秀丽,名胜古迹甚多,是安徽省重要的旅游区之一(附图 39)。

3.4.1 地质景观

地质构造:实习地被誉为“天然的地质博物馆”,地质构造和地层特征明显,已经成为国内多所高校地学类专业的实习基地。实习区出露有较为完整的晚古生代—中生代地层,保存了距今2.5亿~1.9亿年间地球生物复苏的丰富信息,拥有众多生物化石。其中平顶山西南侧的中生代三叠纪地层已被国际地学界列为全球下三叠统印度阶—奥伦尼克阶界线层型首选标准剖面,确立标准地层“金钉子”的最佳候选对象,如图 1.24 所示。

岩溶洞穴:实习地岩溶作用较为发育,城北皖维集团西侧紫微山下的王乔洞和紫薇洞(发育于下二叠统栖霞组灰岩中,附图 40)、城南银屏山仙人洞(发育于上石炭统黄龙组和船山组灰岩中),以及位于无为县西南 38 km 的泊山洞、含山县东北 7.5 km 褒禅山的华阳洞,号称为“五座龙宫”,为区内最为有名的喀斯特溶洞。

3.4.2 水域风光

巢湖:古称焦湖,因形似鸟巢,故得名。巢湖水域辽阔,沿湖山峦耸立,湖中孤岛突兀,湖光山色,交相辉映。湖中姥山、姑山、鞋山宛如三颗晶莹剔透的宝珠,镶嵌在烟波浩渺的巢湖银盘心田,刹世奇妙。“长湖三百里,四望豁江天”,古往今来就有“湖天第一胜地”美誉,号称巢湖旅游资源的一面宝镜(附图 41)。

温泉:半汤温泉位于巢城北部 7 km,产于由震旦系—寒武系—奥陶系组成的半汤复背斜中,受两组大断裂控制,地下泉水沿断裂深循环受地热加温所致。半汤泉群有 23 处以上,分布面积约 12 500 m^2。泉水呈间歇式溢出,无色透明,水温为 56~59 ℃,流量可达1055 m^3/d以上。现已建成五所疗养院。

3.4.3 生物景观

奇花异草:银屏山仙人洞前悬崖峭壁之间,长有一株巨大的白牡丹花,被誉为“神州第一奇花”。每年谷雨时节,牡丹盛开,雪白如银,引来四面八方成千上万的观花人。据说牡丹还对当地的天气现象有一定预兆,有“早谢有旱情,迟谢多雨水,花开五朵兆丰”的谚语。石崖上刻张恺帆手题“银屏奇花”四个大字。

3.4.4 古迹与建筑

中庙:距市区 48 km,古因居巢州、庐州中间,故曰“中庙”,素有“南九华,北中庙”之说。中庙初建于汉代,历代屡废屡修。光绪十五年李鸿章倡募重修,分前、中、后 3 殿,70 余间,后殿藏经阁 3 层,窗开八面,四角飞檐,角角系铃。中庙坐落在巢湖北岸延伸湖面百米的巨石矶上。石矶呈朱砂色,突入湖中,形似飞凤,通称凤凰台。古庙坐北朝南,横峙湖岸,凌空映波,殿高压云(附图 41)。

摩崖字画:巢湖市北5 km的紫薇山山麓的王乔洞(附图 42),是安徽省唯一一座古代石窟艺术宝库,也是研究佛教文化的宝贵资料。洞内有尊石刻大佛及无头小佛像728座,还有狮、虎、马、鸟等摩崖石刻多处,为安徽省重点文物保护单位。

上将故居:近代中国历史上三位著名人物张治中、冯玉祥和李克农令世人敬仰,他们的故居也是巢湖的重要旅游景点。

文化遗迹:邻区的和县龙潭洞猿人遗址位于和县淘甸汪家山龙潭洞,距今30万～40万年。猿人遗址的发现填补了我国东南部地区一直未发现有猿人遗址的空白,而且该遗址保存有到目前为止最为完整的一块头盖骨,对于研究南北方猿人的特性,探索民族文化的起源具有重要意义。

3.5　巢湖的形成与变迁

关于巢湖成因的假说颇多,但现有地质资料和多数学者认为巢湖为一断陷湖。从其形态看,至少由四组断裂所组成,其中以北北东、北西西两个方向的活动性断裂为主。巢湖的区域地质构造比较复杂,我国东部巨大而著名的"郯(山东郯城)—庐(安徽庐江)断裂带"正好斜贯巢湖而过,很可能是巢湖形成的主干断裂(附图1)。

追溯到大约7000万年前,巢湖一带白垩纪沉积盆地的产生,就明显地受北北东向的郯庐断裂和北西、东西向的断裂构造控制,形成了古河、肥北和古城等断裂凹槽。凹槽好比是水库,沉积物好比是水库中蓄的水,凹槽断陷越深,沉积物堆积越厚,反过来沉积物的厚度,基本上就可以代表当时地壳断陷的深度。据钻探资料,古河凹槽中的白垩纪地层厚度达1～2 km,说明当时断陷是十分强烈的。

到了约2500万年前的古近纪时,这种构造控制更为突出。在上述凹槽的基础上又形成了长条状的花岗凹槽或肥东凹槽,沉积了湖相红色砂砾岩和火山岩等。据钻探证实,在肥东梁园镇南边,古近系和新近系地层厚达640 m;而在肥西花岗,厚度达1800 m,都充分证明当时这些凹槽断裂下陷的深度。近代巢湖的形成,就是在这些凹槽的构造基础上发展而来的。

喜马拉雅运动对本区有一定影响。沿断裂构造有安山岩系喷发,局部地区还有辉长岩侵入和玄武岩喷发。第四纪初由于受到气候变迁及新构造运动的影响,构造盆地上升为剥蚀区,同时形成红色剥蚀面。第四纪中期,构造盆地下沉,成为附近山地的集水洼地,然后汇水成为一大水体。直到晚更新世棕黄色亚黏土堆积后,巢湖盆地受拱曲掀斜运动,地面产生不等量下降。滨湖地带经河川切割,形成波状起伏的岗冲地形,巢湖至此才告定型。

巢湖区域内断裂作用、地震活动、温泉出露等种种现象均说明,直到今天地壳的这种升降运动仍在继续，只是表现比较缓慢而已。

初始形成的巢湖湖盆比今天的湖区要大得多，西可能到六安的双河镇，北近合肥，南与庐江的白湖水域串联相通成一体。以后，由于湖盆内不断接纳了杭埠河、丰乐河、派河、南淝河等带来的大量泥沙，还承受了湖区周围山地洪水期挟带的大量泥沙，致使湖区不断被充填淤塞。堆积填淤的泥沙，主要来自巢湖的西部和西北部，湖盆内河流三角洲发育，所以湖盆的面积西部萎缩也最快、最显著。据《庐州府志》记载，肥西县三河镇 1855 年以前，还只是河流入湖口刚出现的一个小沙洲，而到 1907 年，它的位置却远离了湖滨，而现在与巢湖相隔已有 16 公里了。这里的填淤速度平均每 10 年推进 1 km，十分惊人。这也是现在巢湖水西部浅东部深的原因。

目前，巢湖的主体有不均衡的缓慢下沉趋势。如北岸中庙一带，已北移数百米，原来沿岸的村庄、农田已没入湖区；而南岸却又相对上升，湖岸线弯曲不齐。

根据全新统湖相沉积的分布及史书记载，湖泊面积原为 2000 km^2，大致沿地形 10 m 等高线的范围内都属于湖区范围。当时的湖泊生态系统、湖滨湿地生态系统（附图 43）、山地森林生态系统、平地草原生态系统分布有序，相得益彰。进入人类社会后，对湖区的大规模围垦，使湖区面积迅速减少，变成现今的 770 km^2，造成湖泊生态系统、湿地生态系统的破坏。

第4章　巢湖区域环境地质与地质灾害

环境地质是20世纪60年代西方国家在工业、经济快速发展的同时，随之出现的一系列严重的环境问题，如环境污染、地质灾害等，对人类生产、生活的影响愈来愈突出而提出的。从事环境地质研究，使人们认识到珍惜资源、保护地球、爱护环境的重要性，树立人、资源与环境可持续的科学发展理念。

实习区的自然景观是大自然赋予巢湖的天然美感，地质构造作用的精雕细琢使地貌形态小巧玲珑，风景秀丽、环境幽闲，人文地理底蕴深厚，是人们旅游休闲选择的佳地。然而，多年来由于片面追求经济发展，资源开发和利用缺乏科学的管理与规划，盲目利用本地自然资源，保护自然生态的意识匮乏，造成巢湖地区的环境逐步恶化，资源状况受到严重破坏，埋下诸多隐患。环境、资源、水的恶化等令人担忧。

4.1　巢湖实习区地形地貌

实习区位于江淮丘陵南部的低山丘陵区，山系走向呈北东35°～40°，如图4.1所示，属于巢湖状盆地，四周向巢湖倾斜的地势。地势由江淮分水岭向沿长江倾斜，形成低山丘陵、岗（台）地和圩畈平原三个地貌单元。据巢湖市土地利用总体规划（2003～2010），分别占巢湖市土地总面积的12.3%、48.9%、38.8%。本区地貌包括以下几部分。

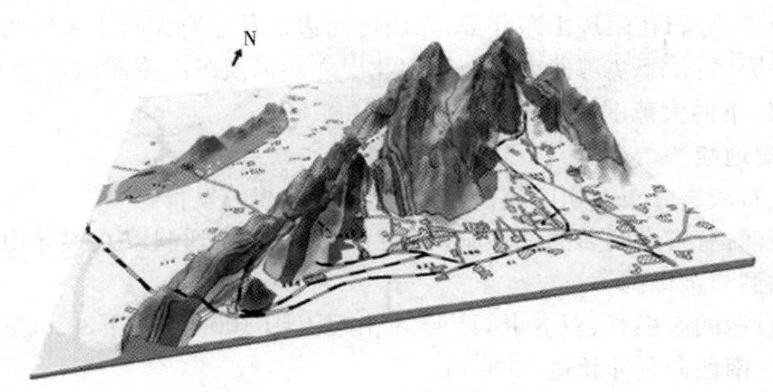

图4.1　巢湖实习区地形地貌示意图

4.1.1 侵蚀、剥蚀地貌

背斜谷：凤凰山背斜谷位于狮子口内7410工厂，由下志留统高家边组粉砂质泥岩、泥岩之软弱层构成(附图30)。

向斜山：向斜山有平顶山，向核山和北凤凰山(305高地)。平顶山以下三叠统南陵湖组为核部地层(附图21)，向核山和北凤凰山以下二叠统栖霞组为核部地层。

单面山：有朝阳山、麒麟山、大尖山和岠嶂山等。共同特点是：一面由五通组石英砂砾岩至二叠系灰岩等硬岩层组成，另一面由志留系砂、泥岩等软弱岩层组成，因软、硬岩层差异风化形成单面山(附图44)。

次成谷：平顶山至马家山一带，东、西两侧山谷均由龙潭组—殷坑组的软弱岩层风化、剥蚀而形成。

4.1.2 堆积地貌

观察实习地堆积地貌的物质组成和形态，分析堆积物特征，掌握地貌形成和发育的基本原理。

残—坡积、山崩及倒石堆带：残—坡积主要分布在区内坡麓地带，呈长条状分布，组成坡积裙；山崩及倒石堆在区内由于山势低缓不发育，仅在碾盘山西坡和猫耳洞北面山坡等地发育规模较小的倒石堆。

滑坡：如北凤凰山(大力寺水库北305高地)试刀山主峰305高地西北坡的古滑坡、凤凰山南坡洪积坡裙尾部的人工滑坡以及由于采矿活动引起的众多小型滑坡。

洪积地带：多分布在区内山地冲沟出口处，形成洪积扇，规模与冲沟大小和长短有关，一般不大。如狮子口洪积扇、大理寺水库东面和万山埠洪积扇等。

冲积地带：分布在岠嶂山东北部、万山埠西边以及喻府大村小溪的两岸。

冲积平原区：位于实习区南部与巢湖北岸之间以及东南裕溪河沿岸一带，海拔高程20 m以下的大范围平坦地带。

4.1.3 岩溶地貌

实习区石灰岩分布面积广阔，岩溶(喀斯特)地貌较发育。

地下暗河：有省内闻名的王乔洞，如图4.2所示，猫耳洞以及狼牙山西南公路西侧的白姑洞与金银洞等。

竖井：较深的有扁井、双龙井，两竖井相距不到100 m，往下30 m左右变为水平，呈北东—南西向延伸超过1000 m。

漏斗：集中发育地带在288高地至试刀山一带，有四、五个漏斗大致沿北30°方向呈串珠状展布。

岩溶塌陷区：最具特征的是位于王乔洞与 320 高地之间的谷地，原是王乔洞地下暗河的向北延伸部分。该暗河与紫薇洞在成因、展布和形态上完全一致，平行于栖霞组石灰岩的层理发育，但海拔高程高于紫薇洞。后来坍塌，形成谷地，保存至今。

图 4.2　王乔洞西洞口和金银洞素描图

（据王道轩等，2005）

4.1.4　湖泊地貌

巢湖是区内最大的湖泊，各种类型的湖泊地貌发育。湖泊地貌由湖泊地质作用（包括湖浪侵蚀、搬运和沉积作用）而形成的各种地表形态。湖浪可以改造河流携带的、湖岸边坡被剥蚀下来的物质，在岸边形成湖泊滨岸地貌。湖浪冲击边岸，形成的激浪流拍击湖岸，形成了以侵蚀作用为主的湖蚀地貌。湖积地貌有：湖积阶地、湖积平原、湖积沙坝等。入湖河流所携带的物质，在湖口地区可形成湖滨三角洲。

4.2　巢湖实习区水文地质

实习区地下水的开发利用主要在褶皱构造两翼栖霞组灰岩中进行。皖维集团、709 厂、铸造厂及供电局凿井近 10 眼，单井涌水量达 20～30 m^3/h。

在马家山及凤凰山一带，石炭系、二叠系和三叠系石灰岩也有岩溶水发育，其中以三叠系膏溶角砾岩中水量最大。凤凰山、大尖山一带泥盆纪五通组石英砂岩中亦贮存部分地下水。地下水矿化度一般小于 1 g/L，可供饮用。

此外，实习区第四系广泛分布，虽厚度不大，但含有河、湖相细粉砂，且具一定范围的补给区，也可作为当地居民的供水水源之一。

实习区及其邻区泉水也较为发育，仅在巢湖市区至狮子口公路两侧就有 5～6 眼泉水，以金银洞的幸福泉较为有名。汤山脚下的半汤温泉，共有大小泉眼 40 余处，现建有五所疗养院，亦为旅游胜地。

4.2.1 地下水类型

实习区属沿江丘陵平原水文地质区，受区域地质、水文、气象、地貌等条件控制，区内降水补给充足，循环交替强烈。本区地下水丰富，根据其岩性特征，除志留系高家边组、泥盆系五通组顶部黏土岩、石炭系高骊山组下段杂色页岩、二叠系龙潭组煤系地层和三叠系殷坑组钙质泥岩为主要隔水层，其余地层均为含水层，其中碎屑岩类以孔隙水为主，碳酸盐岩区以裂隙岩溶水及裂隙水为主。各层含水量贫富不等，总厚度 1000 m。地下水类型可分为三种类型：

裂隙岩溶水：主要分布于俞府大村向斜和平顶山向斜石炭系和二叠系灰岩中，总厚度大于 250 m，出露面积达 5 km^2，以扁井、紫薇山、试刀山为代表，岩溶发育。岩溶裂隙水天然露头出露规模较大的有金银洞、白姑洞和大力寺水库南的泉水露头。俞府大村向斜东翼的金银洞为区内最大的泉，泉水四季长流，其流速、流量随季节不同而明显变化，流速一般为 1m/min，流量 20～30 m^3/h。雨季增大，最大可达 200 m^3/h。水质属重碳酸—钠钙型（HCO_3-NaCa），pH 值为 7.1～7.7，矿化度 0.2～0.3 g/L，水温 18 ℃。

裂隙水：裂隙水主要分布于泥盆系五通组和三叠系及侏罗系磨山组砂岩中。灯塔乡附近钻孔揭露的磨山组砂岩裂隙水承压水头高度为 18.5 m，水温 23 ℃。

松散岩层孔隙水：仅分布在冲沟两侧和向斜核部堆积的第四系亚砂土、碎石块中的孔隙水，厚度不大，一般 5～10 m，受大气降水控制。

4.2.2 泉点

泉在实习区内较为发育，最负盛名的是半汤温泉。规模较大者还有金银洞和白姑洞，其中王乔洞古地下暗河发育较好。

1. 半汤温泉

据《隋书·地理志》载：“襄安县（即今巢湖市）有半阳山，山有汤地，两口流量较大的温泉，相距不足千米，一为冷泉，一为热泉，两泉汇合处，冷热各半。人们惊叹此泉之奇，遂称之为‘半汤’。”

半汤温泉水温为 56～59 ℃，最高水温达 63 ℃，四季常温。半汤泉群有 23 处以上，展布面积约 12 500 m^2，温泉水流量可达 1055 m^3/d 以上。

温泉水清洁，无色透明，有硫化氢味，pH 值一般在 6.42～6.94，氡含量 370～444 Bq/L，含有 30 多种活性元素，主要成分是 F^-、SO_4^{2-}、H_2S，Rn 等，为含放射性氡气碳酸盐——钙质泉，是不可多得的珍贵医疗矿泉，对患关节炎、神经炎、皮肤病等慢性病者，效果显著。半汤既产沐浴温泉，又产饮用矿泉，品位上乘，质量优良，可与驰名世界的 8 大饮用矿泉水媲美，具有极其珍贵的开发价值。

2. 金银洞

金银洞(幸福泉)位于维尼纶厂招待所西北约 40 m 的小山坡西侧。该溶洞为地下河出口处,发育在下二叠系栖霞组深灰色中厚—厚层含燧石结核灰岩中,层面凹凸不平地分布有较多的不规则状燧石结核(附图 45)。

该岩溶发育受走向 60°和 310°两组节理控制,节理的存在为地下水活动提供了通道,灰岩易被溶蚀而发展成为溶洞。

洞口标高 42 m,洞口方向 230°。洞宽 0.9 m,高 1.3 m,洞体呈狭长梯形(内窄),向洞内 7 m 处洞高降至 0.5 m 以下。

泉水受降水补给,属下降泉。在金银洞 N28°E 方向500 m处的山坡上,分布一个漏斗,大小为 10 m×15 m,漏斗中间偏西侧形成一个落水洞,洞口呈凸镜体状,长轴 9.2 m(NE40°方向),短轴 6 m(NW320°方向),洞深 5～6 m,向 NW 方向倾斜,发育在栖霞组本部灰岩段,该漏斗落水洞标高 80 m,为金银洞泉水主要补给点之一。

泉水四季长流,但其流量、流速随季节不同而明显变化。该泉水属重碳酸—钠钙型,无色无味,无有害元素,原可供饮用。但近年来已被污染,不能饮用。

4.2.3　**岩溶**

实习区碳酸盐岩分布广,岩溶(喀斯特)地貌发育,溶洞有:紫薇洞、王乔洞、猫耳洞、白姑洞、金银洞等。

1. 紫薇洞

位于实习区皖维集团西侧紫薇山下,又称双井洞,因洞内有大小两个天然井状出口而得名(附图 40)。总长 3000 m 多,主洞长达 1500 m,岔洞盘绕紫薇山,纵横交错。洞内两个竖井,井口距洞底近 30m,为紫薇洞原始的两个井状出口。溶洞发育于二叠系栖霞组灰岩中,因岩层走向近南北,倾角陡立,而沿岩层层面发育紫薇洞。洞体平直,高而狭窄,形成独特的窄而长的通道。地壳的多次抬升,在溶洞两侧的陡壁上留下多层溶蚀槽。洞内钟乳石发育,洞底相对平坦,其下仍有多层地下暗河发育。紫薇洞是典型的地下河型洞穴,地下河曲折悠长,通过岩洞,直达巢湖。

2. 王乔洞

位于实习区皖维集团西侧紫薇山下,发育于二叠系栖霞组本部灰岩段下部灰黑色燧石结核灰岩中。洞口标高 80 m,洞宽 2.4～2.6 m,高约 2.5～3.5 m。北侧入口 130°,中段近南北向,南侧出口 225°,总长 45 m,为古地下水排水通道。该地下暗河道主要受走向 310°和 50°两组“X”形共扼剪节理控制。洞内可明显见到两层阶地,高分别为 1.5 m 和 2.0 m,说明了地壳的两次抬升过程中,地下水溶蚀灰岩形成的地下通道(附图 42)。洞顶有小型钟乳石分布,洞内还有地下河的冲积物和沉积物以及崩塌堆积物。

3. 猫耳洞

位于 305 高地 190°方向500 m处，为一水平溶洞，是古地下河出口。洞口标高 170 m，延伸方向 155°，宽 2.6 m，高 2 m。洞中底面倾斜，倾角 13°。洞总长约16 m。该溶洞发育在二叠系栖霞组灰岩中，产状 282°∠16°。洞口受两组节理控制，走向分别为 285°和 310°。洞内钟乳石较发育，小者直径 3～5 cm，大者 20～40 cm。扁井—猫耳洞平移断层与另一横断层在此交汇，洞内可见红土及崩塌物堆积。

4. 扁井

发育在二叠系栖霞组本部灰岩段，井口标高 90 m。因井口呈扁圆状，故而得名。洞口长轴方向 35°，短轴方向 310°，长短轴分别为 3.3 m 和 1.3 m，沿倾向南东的岩层与一组倾向北西的节理交汇处发育，井深 30 m。井底为成水平延伸的溶洞，其方向为北北东向 35°左右，井底裂隙发育，宽 20～40 cm，裂隙向下延伸。

5. 马家山东坡竖井

发育于三叠系灰岩中，井口呈扁圆形，其长轴方向 30°，短轴方向 305°，与扁井延伸方向基本一致。长轴 2 m，短轴 1 m，井壁陡峭，近于直立，深约 2.5 m。

4.2.4 水井

主要有甘露寺水井、平顶山采石场水井及浅层地下水水井（潜水）。

4.3 巢湖实习区工程地质

实习区山系山脊多为上泥盆统五通组石英砂岩、砾岩组成，岩性致密坚硬，抗风化能力强。而山谷多为下志留统高家边组粉砂质泥岩或上二叠统龙潭组煤系—下三叠统殷坑组钙质泥、页岩组成，岩性松软、易破碎（孤峰组与大隆组硅质页岩、硅质岩），易风化、剥蚀形成沟谷。

土体主要为黏性土，标高 15～25 m，岩性为黏土、亚黏土，底部为砂砾（Q_1—Q_2、Q_3），其中 Q_3 黏土属膨胀土，呈硬塑—坚硬状态，地基承载力为 250～400 kPa。黏土、亚黏土地基承载力为 200～250 kPa，砂土为 150～250 kPa，砂砾石为 150～250 kPa。

岩体以沉积岩为主，类型主要有：① 坚硬碳酸盐岩岩组，组成溶蚀构造丘陵，标高 50～300 m，坡角 20°～35°，沟谷呈 U 形，地层由 Z_2—O 组成，岩性为灰岩、白云岩，岩石极限抗压强度大于 80 MPa。② 石灰岩及碎屑岩，区内分布广泛，岩性致密，表面溶蚀，多成层性，常有软弱夹层，如麒麟山一带软弱夹层为梁山煤线。③ 黏土岩，强度低，易风化，抗水性差。

4.4　巢湖实习区矿山环境

4.4.1　生态破坏

实习地主要矿种是石灰岩矿和黏土矿，其中石灰岩矿分布比较广泛，黏土矿仅分布在泥盆系五通组(附图6)和石炭系高骊山组。多年的矿山开采严重破坏了山体自然的地形地貌，地形和植被景观已难以恢复(附图19、31、36)。多数废弃矿山至今残留有醒目的采场痕迹，与巢湖中心城镇周围交通干线两侧及风景旅游区的自然景观极不协调。矿山生态环境治理率仅为15.02%，据国家和安徽省规划要求2010年治理率达40%目标差距甚大。平顶山地区的矿山开采，已经严重威胁区内三叠系印度阶—奥伦尼克阶界线层型经典剖面的稳定。

4.4.2　环境污染

实习地环境以大气污染为主，采矿带来的飞尘和水泥厂排放的粉尘和烟气随山风四处飘荡，上空烟尘弥漫，烟尘颜色呈黄色，有大量的固体颗粒飘落。周围空气环境质量被破坏，气味难闻，对周围的植被生长造成了很大危害。另外，区内工矿企业污水排放及生产设备发出巨大的噪音，也造成了严重的环境污染。

4.5　巢湖实习区地质灾害

实习区地质灾害类型主要为不稳定斜坡、崩塌、滑坡、泥石流、地面塌陷(采空塌陷、岩溶塌陷)、岸崩和膨胀土变形灾害等。崩塌、滑坡、泥石流主要分布于丘陵区矿山边坡、公路、铁路沿线陡坡。已发生地质灾害的规模和等级为中小型。人为工程活动和汛期强降水是崩塌、滑坡、泥石流的主要诱发因素，地质灾害多集中发生在雨季。根据安徽省地质灾害区划研究，巢湖地区属于采空塌陷、边坡失稳为主的地质灾害亚区。实习区内无重大地质灾害发生，但区内特殊复杂的地质构造已具备发生小型滑坡、泥石流的地质环境条件。近年由于公路工程、采矿活动等人为因素的加强，增添了潜在地质灾害的诱发因素，使地质灾害的规模和次数明显增加，诱发了诸如地面塌陷、地裂缝、崩塌、滑坡、泥石流、水土流失等环境地质问题。

4.5.1　崩塌、滑坡

实习地不仅存在着古滑坡，而且由于人为开山采石及挖方，先后多次发生滑坡。

1. 古滑坡

发育于北凤凰山(大力寺水库北305高地)试刀山主峰305高地西北坡，如图4.3

所示。滑坡体由石炭系和州组、黄龙组和船山组灰岩构成，呈长舌状夹在北西西向两条沟谷之间。前舌部分滑覆到泥盆系五通组和志留系坟头组之上，滑坡前缘（舌线）由石炭系金陵组、高骊山组、和州组、黄龙组和船山组灰岩组成席状岩片，已经滑覆到山脚下并且直接覆盖在志留系坟头组和高家边组之上。推测滑坡位移量达 1 km 以上，现今残存部分占地面积约 700 m×700 m，估算滑坡体体积约 3×10^{6} m^{3}。

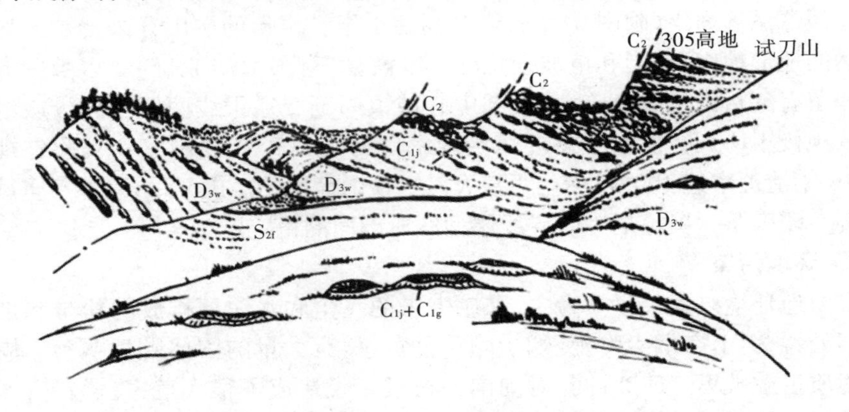

图 4.3　北凤凰山（305 高地）古滑坡地貌景观

（据王道轩等，2005）

2. 人工滑坡

位于马鞍山南坡由粉质黏土夹碎石组成的洪积坡裙尾部的滑坡，因 1986 年开挖坡脚，形成高约 10 m 的近直立的临空面，引起的沿基岩面滑动的牵引式土体滑坡，范围 245 m×160 m，体积约 5×10^{5} m^{3}。王国强等（2002）对滑坡体进行研究并结合钻孔及原位测试结果可知，滑坡体为第四系残、坡积物，岩性自上而下分别为：含碎石黏性土、坡积碎石土和风化残积土，下伏为石炭系灰岩和碎屑岩，如图 4.4 所示。由于滑坡体土质结构疏密不均，致使各层土体之间以及在土体的垂直和水平方向之间的透水性都存在显著差别，从而地下水沿各土层界面渗流形成地下水渗流通道，使土体软化，土体的抗剪强度降低，导致滑坡体的不稳定。

3. 小型滑坡体

实习地石灰石矿分布广泛，如皖维集团、巢湖水泥厂的开采，另外还有一些石料厂和建材厂也在开采，实习区有采矿资质单位约 20 余家，大小采坑近 60 余个。大多数采场边坡均不稳定。大量的开采和爆破活动诱发了不少次生地质环境问题，特别是遇到暴雨，目前仅滑坡体就发育了 12 处。如大尖山东坡由于开挖产生边坡失稳，诱发产生的小型滑坡体；133 高地采坑由于爆破引起的滑坡体等。

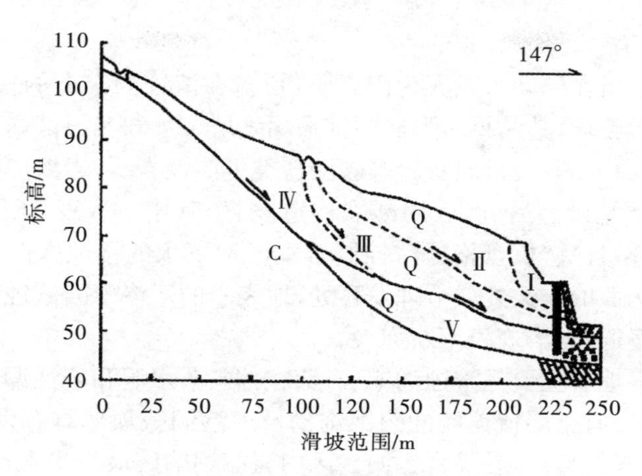

图 4.4　马鞍山东坡滑坡剖面示意图

(据王国强,2002)

4. 湖岸崩塌

巢湖岸线总长约 185 km(水位8 m时)。按湖岸组成岩性成分不同可分为基岩石质湖岸、砂土质湖岸、黏土质湖岸三种类型,崩塌主要发生在二级剥蚀阶地的黏土质岸类型中,基岩石质岸多分布在三级阶地和低山丘陵地带,其湖岸侵蚀轻微(杨则东,1999)。按崩塌分布位置,北西岸(肥西县)、东南岸(巢湖市)及南岸(庐江县)崩塌较为严重(孙凤贤,2000;周迎秋,2005),如图 4.5 所示。

图 4.5　巢湖湖岸崩塌分布图

(据周迎秋,2005)

1. 崩塌湖岸;2. 崩塌距;3. 湖岸线;4. 河流

4.5.2 岩溶塌陷

岩溶塌陷是指在外动力或人为因素下，覆盖在溶蚀洞穴上的松散土体产生的突发性地面变形破坏，其结果多形成圆锥形塌陷坑。巢湖实习区内发育有古生界、中生界石灰岩、白云岩、白云质灰岩等碳酸盐类可溶性岩石，岩溶广泛发育，是岩溶塌陷形成的物质基础。另外，区内断裂构造发育，其中 NWW-SEE 和 NNE-SSW 向断裂最为发育，且呈“棋盘格式”，控制着本区地下水的侵蚀方向及岩溶的发育。在一些软弱结构面的交叉处或节理发育处，地表水的下渗不断溶蚀可溶性岩石，同时地下水流动畅通，岩溶规模不断加大。

实习区岩溶地貌主要是溶蚀沟槽、石芽、溶洞、落水洞和溶蚀漏洞等，多呈垂向发育，较为密集。有土层覆盖区的溶蚀沟槽及岩溶洞隙顶部具有发育较浅或埋藏浅，规模大小不等的特点，易发育土洞。区内岩溶塌陷区最具代表性的位于王乔洞与 320 高地之间的谷地，原是王乔洞地下暗河的向北延伸部分，该暗河与紫薇洞在成因、展布和形态上一致，平行于栖霞组石灰岩的层理发育，但洞底海拔高程高于紫薇洞，后来由于坍塌而形成谷地。漏斗集中发育地带在 288 高地至试刀山一带，大致呈北东 30°方向，沿泥盆系五通组与石炭系界线呈串珠状展布。

4.5.3 水土流失与地裂缝

主要分布于低山区的丘陵岗冲地带，地形起伏大的地带多形成侵蚀细沟，侵蚀特点以片状侵蚀为主，雨季岗冲地带冲蚀现象强烈，并伴随有塌方发生；低山区轻度流失，以自然剥蚀为主，侵蚀特点表现在宽沟出现；山坡多出碎石。加之该区人类活动频繁，开荒成片，森林植被遭到严重破坏，加重了水土的流失，水土流失的面积达 85.75 km^2。

区内草本植被覆盖率较低，暴露的地层表面易风化。加之石灰石矿产主要分布在褶皱构造部位，多处于山体斜坡处，其顶底均为泥岩、页岩。当石灰石开采后，这些相对较为软弱的岩石会自动垮落，也是加重区内水土流失的原因。

区内地裂缝可分为两类：一类为松散土体潜蚀地裂缝；另一类为开矿爆破引起的地裂缝。松散土体潜蚀地裂缝还有可能形成滑坡。

中篇
巢湖地质填图实习的工作方法

第 5 章　地质填图的程序

5.1　地质填图的基本知识

区域地质调查(Regional Geological Survey)是对选定地区的地质情况进行的综合性调查研究工作,又称地质填图。其主要任务是运用地质学、地球物理、地球化学、遥感等方法,阐明各类地质体(如地层、岩体)的产状、分布、组分、时代、演化及相互间的关系,查明地质情况。这项工作开展的程度标志着一个国家或地区的地质工作和研究程度的高低。

区域地质调查是基础性、公益性、战略性的基础地质工作,其目的是为矿产资源、土地资源、海洋资源普查,为水文、工程、环境地质、灾害地质、农业地质和城市地质勘查,为地学教学和国际地学前沿研究等提供基础地质资料,为国土资源规划、管理、保护和合理利用提供地学基础性资料和依据,同时为社会公众提供公益性的区域地质信息。

地质填图的比例尺大小反映区域地质调查工作的精度,一般比例尺越大,工作越详细。不同比例尺的图幅范围如表 5.1 所示。

表 5.1　地形图国际分幅图幅范围

比例尺	图幅范围		分幅面积(km^2)
	经度	纬度	
1∶100 万	6°	4°	约 20 万
1∶20 万	1°	40′	约 6500
1∶5 万	15′	10′	约 400

按比例尺的大小,地质填图可分为 3 类:

(1) 小比例尺区域地质调查,又称概略区域地质调查,比例尺为1∶50万～1∶100万。一般在地质工作程度很低的地区进行。主要任务是初步查明调查区域的地层、岩石、构造等基本特征,预测矿产远景,为较大比例尺的地质调查打下基础。

(2) 中比例尺区域地质调查,比例尺为1∶25万、1∶20万或1∶10万。其中1∶20万和1∶25万是中国目前主要的中比例尺区域地质调查,也是中国的基础地质工作,范围覆盖全国。全国性的各类地质图是在1∶20万或1∶25万地质图的基础上汇编而成的,更大比例尺的地质调查和专题调查也是根据中比例尺区域地质调查成果设计的。

(3) 大比例尺区域地质调查,比例尺1∶5万～1∶2.5万。主要任务是通过详细地质填图、矿产调查和综合研究,查明工作区地质体的分布与特征,寻找可供开采的矿产,并为经济建设、国防建设和科学研究提供详细的地质矿产资料。

中国按国际分幅进行的正规的区域地质调查工作开始于1955年。至20世纪80年代末,中国大陆已全部完成1∶100万比例尺的调查。到2008年,基本实现了全国陆域中比例尺(1∶20万和1∶25万)调查面积的全覆盖。到2012年底,累计完成1∶5万比例尺调查262万 km^2,占陆地面积的27.3%。目前,我国海域地质调查程度还很低,海域1∶100万基础地质调查仅仅完成2个图幅,严格制约了海洋资源开发及国家海洋权益的维护。

5.2 地质填图的工作程序

地质填图工作一般包括组队、收集资料、野外踏勘、设计编审、野外调查、资料整理、原始资料数据库建设、野外验收、图件编制、最终成果数据库(区域地质图空间数据库)建设、报告编写、成果验收、成果出版、资料归档与汇交等程序,如表5.2所示。上述程序之间是互为关联、密不可分的一个有机整体。

表5.2 地质填图工作程序简表

接受任务、立项组队		
设计工作阶段	资料收集	全面收集前人研究资料、地形底图、高程点数据等
	短期实地踏勘	了解工作区自然环境、工作条件、基本地质情况等
	设计编写	编制设计图件(研究程度图、地质草图、工作部署图等) 编写设计(在短期踏勘的基础上) 设计审批(含审查、修改、批准)

续表

接受任务、立项组队		
野外工作阶段	野外地质踏勘	确定实测剖面位置
	实测地质剖面	地层剖面:各地层单元的岩石组成、岩相、接触关系 构造剖面:产状要素、构造性质、运动方向、规模等
	地质填图	路线地质填图 路线检查及专题研究 补测剖面
	野外资料整理及野外验收	野外资料综合整理、检查 编制实际材料图、剖面图和野外验收用地质图 编写野外验收报告 野外验收后补做野外工作
成果编制阶段	最终室内资料整理	野外原始资料、成果资料的综合整理、研究 对所有原始资料进行系统的核对检查,填写质检表
	成果图件编制	作者原图的编制(或数字地质图的编制)
	说明书与报告	图幅上说明书与测区(联测)地质报告编写
验收出版	成果验收出版	最终成果验收,验收后修改出版
资料归档	对全部原始资料和成果资料按相关要求立卷归档	

5.2.1　设计阶段

设计是开展区域地质调查工作的重要环节。应针对任务书下达的任务要求,系统地搜集并综合分析研究区内和邻区前人工作成果资料(必要时可作短期实地踏勘),以便对测区内的交通、地理、地貌概况、前人工作程度、区域地质背景及测区地质矿产情况获得比较全面的了解,从而制定出切合实际的野外工作方案,有效指导测区地质调查工作有条不紊的进行。设计阶段的工作内容主要包括资料收集、资料的综合研究整理、设计前的野外踏勘和地质调查设计书的编写。

1. 资料收集

资料收集时应尽可能全面。包括地形底图、航片和卫片、前人研究成果等。

(1) 地形底图:区域地质调查野外工作所用地形手(底)图的比例尺至少要比最终成果图的比例尺大一倍。如1∶20万区域地质调查使用1∶10万或1∶5万地形图。还应准备调查区周邻图幅的地形图,以备接图。

(2) 航空相片和卫星相片:航空相片(航片)、卫星相片(卫片)提供的信息对区域地质调查非常有价值。由于卫片拍摄的面积大,视域广阔,可从宏观上反映地质现象的空间分布特征和相互关系。在基岩裸露区,航片和卫片解译程度高,能一目了然地看出调查区所处的构造环境,构造格架的轮廓和特点,特别是构造单元的划分,区域性线性构造和环状构造等异常清楚。

卫片具有较强的透视信息效果,可以较好地反映深部特征或隐伏构造。因此,在区域地质调查工作之前,要对搜集到的卫片资料进行初步解译,这是区域地质调查的重要技术手段。卫片比例尺小,不能反映细节,因而不能代替航片使用。

航片比例尺较大,可反映更多的细节。对测区的所有航空摄影资料,只要对地质矿产调查有用,均应尽可能搜集。野外用航片的比例尺,至少要大于地质调查图比例尺一倍以上,以便于在相片上定点和圈定地质界线。

(3) 前人研究成果资料:对各种地质调查、矿产普查、地质勘探、航空遥感、物探、化探、水文地质及其他相关的专题科学研究报告,已发表或未发表的论文,图件及说明书等文献资料;前人在调查区内采集的矿物、岩石、古生物等标本和薄片,已有钻孔的岩芯以及邻区的有关标本等实物资料;调查区内的自然、经济地理、气象、工农业生产情况等资料都应搜集。

2. 对前人资料的综合研究和整理

(1) 卫片和航片的地质解释:对测区收集的卫片和航片进行初步的地质解释。

(2) 前人资料的综合研究和评价:对搜集来的地质矿产资料进行综合研究和评价,吸纳其有用成分,作为指导设计和今后工作的依据。

主要工作内容如下:

① 详细了解前人在调查区内所做过的工作、有关资料和图件、工作精度及其效果、可供利用的程度;编制地质矿产研究程度图。

② 基础地质资料的整理和研究,着重弄清前人对调查区地质和矿产的认识程度。找出存在的问题,确立需要进一步研究的内容,编制地质草图和工作部署图等。

③ 自然资料的整理研究,对调查已知的各种资源(矿产、旅游等)逐一记录,编制登记卡片,对所有的物、化探异常也应进行登记,然后编制自然资源分布图和开发预测图。

3. 设计前的野外踏勘

通过室内搜集阅读和综合分析前人资料，对测区有了初步了解，但还缺乏感性认识。在设计编写前，应组织有关人员对测区作实地踏勘。目的是对测区的交通、自然地理和经济地理情况、主要地质特征和资源情况等进行现场观察了解，为设计提供直接依据。

4. 地质调查设计书的编写

在完成上述三步工作之后，开始编写地质调查设计书。设计书是根据上级下达的任务和规范要求，结合测区实际情况制定的工作方案。批准后的设计书是进行野外地质调查，检查完成任务情况和验收评价成果质量的主要依据。

区调设计书内容包括：任务书及任务要求，工作区范围、地质概况及存在问题，技术路线、方法及精度要求，总体工作部署及安排，组织管理及保障措施，质量管理与监控，预期成果、经费预算和设计附图等基本内容。设计书内容要齐全，文字应简明扼要。

5.2.2 野外工作阶段

野外地质调查是获取第一手地质资料的重要途径。野外地质调查工作包括地质踏勘、实测剖面、路线填图和资料整理。

1. 地质踏勘

野外地质踏勘的目的是了解测区各类地质体的主要特征、展布、接触关系、构造特征等基本地质情况，为选择实测地质剖面，统一岩石地层填图单元的划分方案，检查遥感解译效果，合理布置填图路线，选择野外工作基地等打基础。

踏勘路线的选择要求尽可能垂直测区地层走向或主构造线方向，交通便利，露头连续，地层发育齐全，接触关系清楚，构造相对简单的区段。踏勘路线的多少可根据地层的出露情况、构造复杂程度、工作区范围大小和工作精度等具体情况而定。

2. 实测剖面

野外地质踏勘结束后，在沉积岩区可先测剖面后填图，变质岩区则先填图后测剖面。实测剖面应尽量选在交通便利，露头连续，地层发育齐全，接触关系清楚，构造相对简单的地方。通过实测地质剖面，建立测区岩石地层填图单元的划分方案，统一单元划分标志。

3. 路线填图

路线填图是完成区调填图面积任务的重要手段。路线填图就是通过选择一定的路线和观察点进行系统的野外观察、描述记录和研究，实现由点到线，再由线到面完成地面地质调查的基本方法。

4. 资料整理

资料整理是指对整个野外工作阶段所形成的野外资料进行综合整理，包括对图区所有的野外记录本、手图、航片、实测剖面资料等进行全面核检；编制实际材料图、剖面图、地层柱状图和野外验收用地质图；编写野外验收报告等提请野外验收。对野外验收中提出的整改问题进行适当野外补做工作后，可转入成果编写阶段。

5.2.3 成果编写阶段

野外工作结束后进入区域地质调查工作的成果编写阶段。其内容包括：室内整理与综合研究、成果图件编制和研究报告编写。

1. 室内整理和综合研究

资料的整理工作一直贯穿在整个野外地质调查的全过程，最终室内资料整理是指所有野外工作结束后的全面资料整理。包括：

(1) 对野外全部原始资料进行系统的整理和清理。野外原始资料包括各类文字资料(记录本、记录表、总结、鉴定报告等)、图件资料(野外手图、实际材料图、实测剖面图、柱状图、信手剖面图、素描图、照片等)和实物标本、薄片、副样等。

(2) 全面审核各项分析鉴定成果。要在原始资料中对分析鉴定成果加以批注。

(3) 全面审核实际材料图、野外地质图内容的完备性、图面结构的合理性。

(4) 全面开展图幅内地层、岩石、构造及矿产的专项综合研究。包括：

① 地层资料的综合研究：以实测剖面为基础，路线地质调查和前人资料为补充，分析各填图单元的图面分布、岩石组合面貌、变质变形特征、顶底界线及接触关系、纵横向变化、地质时代以及区域对比。

② 沉积岩资料的综合研究：以实测沉积岩剖面为基础，路线地质调查和前人资料为补充，分析各填图单元的图面分布、沉积岩组合、基本层序类型与特征、沉积相特征、生物化石特征、上下接触关系、相变情况，并对沉积环境进行分析讨论。

③ 变质岩资料的综合研究：通过对变质岩岩石类型、特征变质矿物组合、特征变质结构与构造、变余结构与构造、岩石地球化学等研究，确定变质类型、变质级别、变质温压条件，并进行原岩恢复和变质时代判断。

④ 岩浆岩资料的综合研究：通过对各填图单元的岩浆岩岩石学、地球化学、地质时代、接触关系等综合研究，确定岩浆源、形成的地质构造背景和形成环境，以及岩浆热事件对图区变质作用、成矿作用的影响。

⑤ 地质构造资料的综合研究：首先从单个的具体构造入手，进而对全区构造进行分类、归并，系统分析各构造之间的相互关系、构造格局，总结图区地质构造的几何学、运动学和动力学特点，从而揭示图区地质构造演化的历史。

⑥ 矿产资料的综合研究：对图区发现（新发现或前人发现）的矿点、矿化点都要进行检查，对含矿地层、矿化现象、规模、矿化特征、成矿作用、成矿时代等进行详细编录、评价，并将所有矿产资料填制成卡片，以便开展进一步的矿产勘查工作。

2. 成果图件编制

地质图件的编制必须在野外调查全部结束并通过野外验收后方可进行，所用资料应与各项原始资料和基础图件吻合一致。所谓基础图件是指业已完善的野外地质图和实际材料图。其操作程序严格遵循比例尺由大到小的原则。实际材料图、地理底图、地质图均按有关技术要求入机编绘。

至于其他专项调查图件如水文地貌图、环境地质图以及旅游地质图等的编制，应以地质图为底图，按有关规范、技术要求进行。

3. 研究报告编写

报告编写必须在各种资料高度综合整理的基础上进行，内容要求全面、重点突出，努力做到实用性与科学性相结合。要在客观反映各种符合精度要求的地质矿产实体特征的基础上，从地球科学前沿的高度反映图幅区域地质调查队的总体研究水平。

报告编写要有综合性、逻辑性。应做到内容真实、文字通顺、主题突出、层次清晰、图文并茂、插图美观、图例齐全、各章节观点统一协调。

5.2.4　验收出版

完成图幅的区调报告、图幅说明书以及相应的系列图件后，应将各种原始资料以及相关成果等一并提交主管部门，由其组织评审验收。成果验收通过后，地质图、地质报告必须按最终成果验收委员会提出的意见进行全面检查、修改和补充。

地质调查成果的申报、认定、登记与出版工作按有关规定执行。地质图和地质报告应在最终成果验收通过后，在规定的时间内送出版社出版。

5.2.5　资料归档

最终成果除向主管部门提交出版印刷的地质图件等成果外，还应提交相应的数据光盘及图件与图层描述数据、报告文字数据等，并对全部原始资料进行归档。

第 6 章　地质填图的基本工作方法

6.1　岩石的观察和描述

岩石的鉴定是从事野外地质工作的基础，岩石的许多特征需要在较大范围露头上观察才能得到正确认识。野外观察岩石的要点包括：(1) 根据矿物成分和岩石的结构构造，并结合岩石产状，确定岩石的大类；(2) 根据岩石的鉴定要点和命名方法对岩石进行鉴定和命名，并详细描述和记录岩性；(3) 测量岩石中有意义的组分和结构构造，如火成岩中的斑晶、流动构造，沉积岩中的砾石、波痕、层理等；(4) 测量岩层的产状，与周围岩石的关系；(5) 采集具有代表意义的标本和样品。巢湖凤凰山地区以沉积岩为主，发育少量的岩浆岩。

6.1.1　沉积岩的观察与描述

在野外地质工作中，沉积岩的观察和描述是地质研究工作的重要基础。无论是实测地质剖面，还是描述地质观察点，都必须从地层学和沉积岩石学的角度对沉积岩进行研究。

1. 沉积岩分类

沉积岩类型按物源、成因、成分、结构及形成构造环境等原则划分，陆源碎屑岩和内源沉积岩常见的岩石种类如表 6.1 所示。

表 6.1　沉积岩基本类型的划分

(据 GB/T 17412—1998)

火山—沉积碎屑岩		陆源沉积岩		内源沉积岩		
沉积火山碎屑岩	火山沉积碎屑岩	陆源碎屑岩	泥质岩	蒸发岩	非蒸发岩	可燃有机岩
沉集块岩 沉火山角砾岩 沉凝灰岩	凝灰质巨角砾岩 凝灰质角砾岩 凝灰质砂岩 凝灰质粉砂岩 凝灰质泥岩	粗碎屑岩 (砾岩、角砾岩) 中碎屑岩 (砂岩) 细碎屑岩 (粉砂岩)	泥岩 (黏土岩) 页岩 (黏土页岩)	天然碱岩 石膏岩 硬石膏岩 钙芒硝岩 石盐岩 钾镁盐岩	石灰岩 白云岩 铝质岩 铁质岩 锰质岩 磷质岩 硅质岩	煤

2. 沉积岩的颜色

沉积岩的颜色是沉积岩层的特殊标志。它不仅是沉积岩的表面现象，而且反映组成岩石的物质成分和气候、介质等方面的重要特征。对岩石颜色成因的研究有助于了解沉积岩和沉积矿产的形成环境及其形成后的变化。

白色：一般不含色素，如质纯的碳酸盐岩、石英砂岩、高岭土等；

灰色、黑色：由于含有机质（炭质、沥青质）、分散状黄铁矿，这些物质含量越高，颜色就越深，并表明岩石形成于还原或强还原条件下；

红色、黄褐色：由于含有铁的氧化物或氢氧化物之故，表明沉积介质为氧化及强氧化条件。黄色常见于炎热干燥气候条件下的陆相沉积物中，红色常见于炎热潮湿气候条件下的陆相或海陆过渡相沉积物中，也可见于海相沉积物中；

绿色：由于含有 Fe^{2+} 和 Fe^{3+} 的硅酸盐矿物（海绿石、鲕绿泥石），代表弱氧化或弱还原的介质条件；

蓝色、青色：是硬石膏、石膏、石盐等特有的颜色；

紫色：与氧化铁或氧化锰有关。

3. 沉积岩的成分

沉积岩的物质成分可以根据其成因分为以下几个组成部分：

(1) 碎屑物质。它是母岩的风化产物，或是火山作用的碎屑物质，或是内碎屑。如砂岩中的石英、长石，凝灰岩中的晶屑、岩屑，竹叶状灰岩中的竹叶状砾石等。沉积岩中继承组分的研究，有助于了解沉积岩形成时的沉积物来源、剥蚀区的古地理、古气候特征等。

(2) 化学物质。它是指由真溶液或胶体溶液中沉积的矿物，部分是由于生物或生物化学作用而形成的产物。如各种盐类矿物，沉积黏土，铝、铁、锰、磷的氧化物及硫化物，海绿石以及生物礁和叠层石等。该组分在沉积岩中呈三种方式存在：① 化学沉积或生物化学沉积的岩石中作为主要造岩组分；② 碎屑岩中作为胶结物；③ 岩石中呈单个矿物体或结核。详细研究能了解沉积盆地中介质的物理化学条件，恢复沉积区的古地理和古气候特征。

(3) 新生物质。它是沉积物沉积以后在成岩作用阶段或后生作用阶段中所产生的新矿物，或由于某些物质重新分配与聚集而形成的细脉、结核等。

4. 沉积岩的命名

(1) 沉积岩的命名：颜色＋层厚＋结构＋基本名称，如：灰白色厚层石英砂岩。

(2) 沉积岩的命名常根据岩石组分的含量采用三级命名法：含量＜5%者一般不参与命名。除少数具有特殊成因或工业价值者，如海绿石砂岩，其中海绿石的含量可＜5%；含量在5%～25%者称为“含”，如“含粉砂泥岩”，是指泥岩中的粉砂含量在5%～25%；含量在25%～50%者称为“质”，如“粉砂质泥岩”，是指泥岩中的粉砂含量在25%～50%；含量>50%者确定岩石的基本名称，如“泥岩”，指岩石中“泥”的含量超过50%，岩石若由两种以上的组分组成时，可采用复合命名法。含量少者在前，多者在后，如高岭石水云母泥岩。

(3) 层厚的概念：层(岩层)是组成沉积地层的基本单位，是在一个基本稳定的物理条件下形成的沉积单位。岩层由成分基本一致的岩石组成，是最小的岩石地层单位。层与层之间由层面隔开，代表了无沉积间断面或沉积作用突然变化的间断面。两层面之间的垂直距离为层厚，其划分标准为：块状层(>2 m)；厚层(0.2～2 m)；中层(0.1～0.5 m)；薄层(0.01～0.1 m)；微层(<0.01 m)。

5. 陆源碎屑岩的观察与描述

陆源碎屑岩主要由陆源碎屑和填隙物组成。碎屑成分主要来源于陆源区母岩机械破碎的产物，包括矿物碎屑和岩石碎屑。常见的碎屑物质有：

(1) 石英碎屑：碎屑岩中出现最多的矿物，多集中于砂岩和粉砂岩中。由于石英碎屑可来源于花岗岩、片麻岩、片岩及早先形成的碎屑岩，因此常利用石英的各种特点如包裹体、消光性质、颗粒形态及复晶性质等确定母岩的性质。

(2) 长石碎屑：碎屑岩中含量仅次于石英的重要组分。长石碎屑中常见钾长石、微斜长石，其次是酸性斜长石，而中基性斜长石较少。长石碎屑主要来自花岗岩和花岗片麻岩。碎屑岩中长石的含量受气候、地壳运动的强度及母岩性质的影响，因此对长石含量、长石类型及其他特征的研究，有助于追溯母岩、推断古气候、古构造。

(3) 云母碎屑：常见白云母。多分布于细砂岩、粉砂岩的层面上。

(4) 重矿物碎屑：是碎屑岩的次要组分，其含量一般不超过1%，多分布于较细的砂岩中。重矿物含量虽少，但性质稳定，种类较多。可利用重矿物组合类型及标型特征划分对比地层和追溯母岩性质，并可指导找矿。

(5) 岩石碎屑：岩屑是碎屑岩的重要组分，是由母岩机械破碎形成的岩石碎屑。岩屑保留了母岩的结构和组分特征，是判断母岩性质的可靠标志。

填隙物包括杂基、胶结物。杂基是指与碎屑同时沉积起填隙作用的黏土、细粉砂等。胶结物是指存在于碎屑颗粒间孔隙内的化学物质。胶结物成分较复杂，常见的胶结物有钙质、硅质、铁质及磷质等。

碎屑岩的结构包括碎屑颗粒的结构、填隙物的结构以及碎屑颗粒与填隙物间的关系(支撑性质和胶结类型)。

碎屑颗粒的结构是根据碎屑颗粒大小划分的。自然粒级标准是根据碎屑颗粒的水动力学行为划分，如表6.2所示。

表6.2　碎屑粒级划分

(GB/T 17412.2—1998)

自然粒级(mm)	陆源碎屑		内源碎屑	
≥128	粗碎屑(砾)	巨砾	砾屑	巨砾屑
32～128		粗砾		粗砾屑
8～32		中砾		中砾屑
2～8		细砾		细砾屑
0.5～2	中碎屑(砂)	粗砂	砂屑	粗砂屑
0.25～0.5		中砂		中砂屑
0.06～0.25		细砂		细砂屑
0.03～0.06	细碎屑(粉砂)	粗粉砂	粉屑	粗粉屑
0.004～0.03		细粉砂		细粉屑
＜0.004	泥		泥屑	

分选性是指碎屑岩中碎屑颗粒大小的均匀程度,可分为分选好、分选中等、分选差三个等级。圆度是指碎屑颗粒棱角被磨蚀圆化的程度,分为棱角状、次棱角状、次圆状和圆状四个等级。碎屑的圆度与搬运距离、搬运条件以及碎屑的性质有关。

填隙物的结构包括胶结物和杂基的结构。胶结物的结构指充填于碎屑之间孔隙内的胶结物的结晶程度、晶粒大小、排列方式及分布的均匀性等。常见的胶结物结构类型有非晶质结构、隐晶质结构和显晶质结构。杂基是与碎屑颗粒同时机械沉积的起填隙作用的细屑物质,即粒度＜0.03 mm的细粉砂和黏土物质或碳酸盐灰泥等。杂基的类型主要有原杂基和正杂基两种。

碎屑岩的结构特点常用结构成熟度来表示。结构成熟度是指碎屑沉积物在其风化、搬运和沉积作用的改造下接近于终极结构特征的程度。结构成熟度的高低应反映在碎屑的分选性、磨圆度以及黏土杂基的含量上。如分选好、磨圆好、无杂基则说明结构成熟度高,反之则结构成熟度低。

支撑类型是指碎屑岩中杂基与碎屑颗粒之间的关系。按碎屑颗粒与杂基的支撑关系可分为杂基支撑和颗粒支撑。胶结类型是指胶结物的分布状况及其与碎屑颗粒的接触关系。杂基支撑的碎屑岩属基底胶结,颗粒支撑的碎屑岩可分为孔隙胶结、接触胶结等,如图6.1所示。

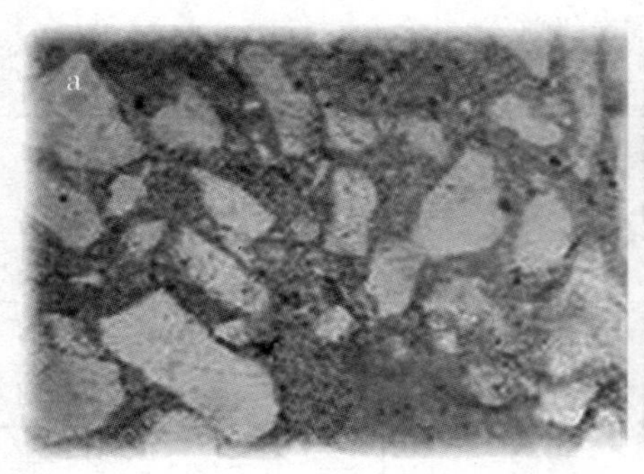

图 6.1　碎屑岩胶结类型

a. 基底式；b. 孔隙式

(1) 砾岩

碎屑颗粒粒径＞2 mm 者称为砾石(角砾)。砾石在岩石中的含量超过 50%者，称为砾岩(角砾岩)。根据砾石的形态、大小、含量、成分以及砾岩在地层中的位置关系、砾岩的成因等多种依据进行分类。在野外地质工作中，常用以下分类方法：

根据砾石的形态分为：砾岩(砾石主要呈圆状或次圆状)；角砾岩(砾石主要呈棱角状或次棱角状)。

根据砾石粒径的大小分为：巨砾岩(粒径＞256 mm)；卵石岩(粗卵石岩 128～256 mm，细卵石岩 64～128 mm)；砾石岩(粗砾岩 16～64 mm，中砾岩 4～16 mm，细砾岩 2～4 mm)。

砾岩的描述内容：

① 颜色：岩石的总体颜色，即岩石的宏观颜色而非单个砾石的颜色。

② 砾石的成分(岩石名称)及含量。

③ 砾石的结构特征：砾石的大小、形状、分选性及砾石的排列方向等。

④ 填隙物的成分、含量及支撑性质和胶结类型。

⑤ 构造特征：是否发育层理及层面构造，有无冲刷面。

⑥ 岩层的厚度、横向及纵向变化等。

⑦ 命名：如灰白色厚层石英岩中砾岩。

描述实例：岩石为紫红色间夹灰白色调。砾石的成分主要为石英岩岩屑，含量约 60%。其次为部分燧石岩及硅质粉砂岩岩屑，含量约 20%。砾石的大小不等，大多在5～20 mm之间。分选性差，形态为椭球状，但圆度较好。砾石表面光滑，无定向排列。岩石硅质胶结，填隙物含量约 20%。岩石杂基支撑，基底式胶结。岩层厚约 1.2 m，块状无层理。底部发育冲刷面，自下而上岩石中的砾石逐渐变小。

命名为紫红色厚层石英岩中砾岩。

(2) 砂岩

指砂级陆源碎屑颗粒(0.06～2 mm)为主的碎屑岩。进一步划分为:

根据粒度划分:粗砂岩(0.5～2 mm);中砂岩(0.25～0.5 mm);细砂岩(0.05～0.25 mm)。

成分成因分类:根据石英(Q)、长石(F)和岩屑(R)的三单元三角分类方案,砂岩的成分成因分类可简单划分为:石英砂岩(Q>90%);长石石英砂岩(Q75%～90%,F>R);岩屑石英砂岩(Q75%～90%,F<R);长石砂岩(Q<75%,F>R);岩屑砂岩(Q<75%,F<R)。当岩石中的杂基含量>15%时,属于杂砂岩类。

砂岩的描述方法:

① 颜色(原生色或次生色,分布是否均匀)。

② 碎屑的成分及含量估计:常见碎屑成分鉴定特征为:石英——透明粒状,油脂光泽,硬度较大;长石——灰白或肉红色等,具一组解理,板柱状晶形,风化后呈白色土状,硬度较低;岩屑——为各种岩石碎屑,颜色一般较深,常为暗灰、暗红、暗绿、黑色等,也有浅色岩屑,如石英岩岩屑等;白云母——白色、土状,具挠曲,有弹性,珍珠光泽。

③ 结构特征:砂粒的大小、分选性及磨圆度等。

④ 填隙物成分、含量及岩石的支撑性质和胶结类型。杂基支撑:主要为泥质,岩石较疏松,常为土状;钙质胶结:常见为方解石胶结;硅质胶结:色浅,岩石致密坚硬;铁质胶结:岩石呈红色、褐色等色调。

⑤ 构造特征:是否发育各种层理和层面构造,以及结核、缝合线和含古生物化石情况等。

⑥ 层厚及岩层的横向、纵向变化,如层厚、颜色、成分、粒度、沉积构造、化石等方面的变化。

⑦ 与上、下岩层的接触关系(渐变、突变,或冲刷接触)。

⑧ 命名:如灰白色中厚层细粒石英砂岩。

描述实例:岩石为灰色,风化后为土黄色。碎屑颗粒的粒径多为0.2～0.4 mm。中砂结构。碎屑颗粒形态为次棱角状—次圆状,分选性较好。碎屑成分中以石英为主,含量约为60%。长石板柱状,风化后白色,含量约35%。另含有少量岩屑。岩石较松散。填隙物以泥质杂基为主,含量约20%。岩石杂基支撑,基底式胶结类型。岩层中发育大型交错层理,并含有少量的植物根茎化石。岩层厚约1.2～1.5 m,纵向上粒度逐渐变细,与上、下岩层为渐变关系。命名为灰色厚层中粒长石砂岩。

(3) 粉砂岩

以粒度为0.004～0.06 mm的粉砂颗粒为主的碎屑岩。

与泥岩之间的过渡类型有：粉砂岩（粉砂含量＞90%）；含泥粉砂岩（75%～90%）；泥质粉砂岩（50%～75%）。

根据胶结物成分分为：钙质、铁质、硅质、泥质粉砂岩等。

粉砂岩的观察及描述方法与砂岩相似。肉眼鉴定时，由于粉砂颗粒细小，手标本中难以辨别其成分，着重描述以下内容：

① 颜色：注意区分是原生色，还是次生色。

② 手摸是否有粉末感，以估计其中粉砂的含量。

③ 填隙物的成分。泥质：岩石疏松；铁质：岩石一般呈棕红色；钙质：遇盐酸起泡；硅质：岩石致密坚硬。

④ 特征：粉砂岩中常发育水平层理和小型交错层理等构造。

⑤ 含白云母及化石情况。

⑥ 层厚及与上、下岩层的接触关系。

⑦ 命名：如黄绿色薄层泥质粉砂岩。

描述实例：岩石为灰色，风化后为土黄色。泥质含量约为10%～20%，含泥粉砂结构。碎屑颗粒以石英为主，含有部分白云母，尤其层面上白云母大量分布。岩层厚度约8～10 cm，薄层状。可见水平层理和沙纹层理发育，未见生物化石。命名为灰色薄层含泥粉砂岩。

6. 泥岩的观察与描述

泥岩：指粒度＜0.005 mm，主要由黏土矿物组成的岩石。

按构造特征分为：页岩（页理发育）和泥岩（页理不发育）。

按颜色分为：黑色泥（页）岩、紫红色（页）岩、黄色泥（页）岩、深灰色泥（页）岩等。

按混入物分为：钙质泥（页）岩、硅质泥（页）岩、碳质泥（页）岩、铁质泥（页）岩等。

按结构特征分为：含粉砂泥（页）岩（粉砂含量5%～25%）、粉砂质泥（页）岩（25%～50%）和泥（页）岩（＜5%）。

由于泥岩组分颗粒细小，肉眼鉴定应着重其物理性质的描述：

① 颜色：泥岩的颜色主要取决于其中所含的色素。含大量有机质者常为黑色；含铁质者常为黄色、红色等；质纯的高岭石泥岩、水云母泥岩常呈现灰白或白色；含海绿石、绿泥石等矿物的岩石常为各种色调的绿色等。

② 物理性质：岩石的固结程度、硬度，有无滑感、黏舌性、可塑性以及岩石的断

口特征等。

泥质岩的矿物成分肉眼难以鉴别，只能根据物理性质初步确定。如高岭石黏土岩具贝壳状断口、润湿后具可塑性，膨胀性不明显；蒙脱石黏土岩则吸水膨胀性特强、具强的黏舌性，放入水中立即散开。

③ 肉眼可见的矿物及混入物等，如钙质、硅质、铁质和碳质等。加盐酸起泡说明有碳酸钙混入；岩石致密坚硬则有硅质混入；机械混入物石英、云母等肉眼可以直接观察。

④ 结构和构造：是否含粉砂颗粒，有无鲕粒、豆粒和结核，是否发育层理、层面构造及含生物化石等情况。

肉眼观察泥质岩的结构只能根据断口的粗糙程度加以判断。常见的结构主要是根据含粉砂及砂的情况而划分五个类型：泥质结构，用手触摸岩石有滑腻感，用小刀切割的切面光滑，断口呈贝壳状或平坦状；含粉砂泥质结构及粉砂泥质结构，断口较粗糙，手触摸微有粗糙感。用放大镜可见粉砂碎屑，小刀切面不光滑；含砂泥质结构及砂质泥质结构，手触摸有明显的粗糙感觉，肉眼见有砂粒，断口粗，参差状。

泥质岩常见的构造有水平层理、泥裂、雨痕、虫迹、结核等；具有沿层理方向易剥裂成页状的页理构造。凡具页理构造的泥质岩称为页岩，无页理构造的泥质岩则称为泥岩。

含生物化石的情况，如笔石、菊石、植物及其埋藏、保存状况等。

⑤ 层厚情况，与上、下岩层的关系以及横向和纵向上的变化情况。

⑥ 命名：如黄褐色薄层含粉砂泥岩。

描述实例：灰色，硬度较小。有滑感，黏舌，断口平坦状，质纯致密。不含粉砂及其他混入物，泥质结构。层理不发育，可见少量植物根茎化石。层厚约30～40 cm，中层状。与上下岩层为岩性渐变关系。命名为灰色中层泥岩。

7. 碳酸盐岩的观察与描述

根据碳酸盐岩中方解石与白云石的相对含量，碳酸盐岩划分为石灰岩与白云岩两个大类。石灰岩和白云岩宏观特征相似。野外常用5%的稀盐酸与岩石的反应程度加以判断：强反应：起泡迅速剧烈，伴随小水珠飞溅，为灰岩；中等反应：起泡迅速，无小水珠飞溅，为白云质灰岩；弱反应：反应缓慢，为灰质白云岩；不反应：长时间无气泡产生，可能为白云岩。

另外，岩石酸蚀后表面留下泥质薄膜者为泥灰岩；若岩石坚硬，则可能为硅质灰岩。与灰岩相比较，白云岩常具有独特的外貌特征。如颜色多带有红色调；多为结晶粒状结构和糖粒状断口；风化表面常具有刀砍状溶沟等。

碳酸盐岩的观察与描述：

① 颜色：多为各种色调的灰色。

② 矿物成分：主要是方解石或白云石。石灰岩（方解石 95%～100%）；含白云质灰岩（方解石 75%～95%）；白云质灰岩（方解石 50%～75%）；含泥质灰岩（泥质 5%～25%）；泥灰岩（泥质 25%～50%）。

③ 结构特征：a. 颗粒结构：根据碳酸盐颗粒的类型、含量及填隙物成分等进一步划分结构类型，如表 6.3、图 6.2 所示：颗粒含量＞50%，根据颗粒类型及填隙物成分划分结构，如亮晶生物碎屑结构、微晶生物碎屑结构等；颗粒含量为 25%～50%，根据颗粒类型划分，如生物碎屑微晶结构；颗粒含量为 10%～25%，根据颗粒类型划分，如含生物碎屑微晶结构。b. 微晶、泥晶结构：颗粒含量＜10%时，为微晶（泥晶）结构。c. 生物骨架结构：为造架生物所形成，如珊瑚礁结构等。d. 结晶结构：由原生碳酸盐岩经过重结晶作用而形成，根据晶粒大小进一步划分为巨晶（＞4 mm）、粗晶（0.5～4 mm）、中晶（0.25～0.5 mm）、细晶（0.05～0.25 mm）、微晶（0.005～0.05 mm）和泥晶（＜0.005 mm）结构等。

表 6.3　石灰岩的结构—成因分类

（据曾允乎等，1986）

	颗粒含量	主要填隙物	主体结构				
			内碎屑	生物屑	鲕屑	团粒	颗粒混合
颗粒石灰岩类	＞50%	亮晶	亮晶内碎屑灰岩	亮晶生物屑灰岩	亮晶鲕粒灰岩	亮晶团粒灰岩	亮晶颗粒灰岩
	25%～50%	灰泥	微晶内碎屑灰岩	微晶生物屑灰岩	微晶鲕粒灰岩	微晶团粒灰岩	微晶颗粒灰岩
	10%～25%		内碎屑微晶灰岩	生物屑微晶灰岩	鲕粒微晶灰岩	团粒微晶灰岩	颗粒微晶灰岩
	＜10%		含内碎屑微晶灰岩	含生物屑微晶灰岩	含鲕粒微晶灰岩	含团粒微晶灰岩	含颗粒微晶灰岩
原地固着生物灰岩	生物礁灰岩；生物层灰岩；生物丘灰岩						
重结晶灰岩类	根据晶粒大小划分为巨晶、粗晶、中晶、细晶灰岩						

④ 构造特征：如结核的大小、形状、成分及分布特征；是否发育层理、缝合线、叠层构造、团块状构造、链条状构造和方解石脉等。

化石的种类、数量及分布和保存情况。常见生物化石有：有孔虫、海绵、珊瑚、腕足、双壳、头足、三叶虫、棘皮、苔藓、钙藻类等。

⑤ 层厚及其成岩后生变化：如硅化、白云石化、重结晶作用等。

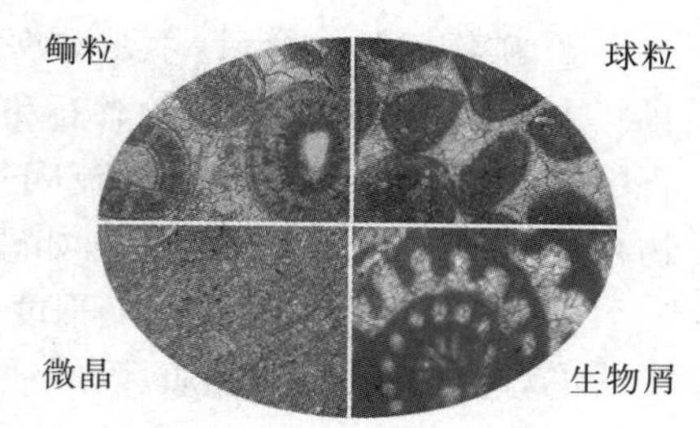

图6.2　石灰岩的结构类型

⑥ 命名：如灰白色厚层亮晶生物碎屑灰岩。

描述实例：灰色，与5%稀盐酸强烈反应，为灰岩。岩石中颗粒主要为生物碎屑，含量约60%。颗粒细小，生物种类难以鉴别。填隙物为亮晶方解石。未见层理和结核，缝合线构造发育。层厚约0.8 m，自下而上生物碎屑的含量逐渐减少。命名为：灰色厚层亮晶生物碎屑灰岩。

8. 其他内源沉积岩的观察与描述

其他内源岩常见有硅质岩、铁质岩、铝质岩、硬石膏岩等，观察描述内容如下：

① 颜色：原生色、次生色及均匀程度。

② 主要矿物成分：如玉髓、褐铁矿、铝土矿等。

③ 结构：隐晶质、胶状、多孔状、鲕状、晶粒状结构等。

④ 构造特征：如葡萄状、肾状构造等。

⑤ 物理性质：硬度、比重、断口、可塑性和脆性等。

⑥ 含化石的种类和数量。

⑦ 层厚及上下接触关系。

⑧ 命名：如薄层黑色硅质岩、肾状多孔铁质岩等。

6.1.2　侵入岩的观察和研究

1. 侵入体的野外观察

侵入岩的野外观察要查明侵入岩体的形态与规模，产状、岩性、捕虏体及其侵入体与围岩的接触关系，并注意观察接触带的交代蚀变、同化混染现象。分析侵入体的侵入时代和演化规律、与围岩和矿产的关系及其时空分布和控矿特征。

2. 岩浆岩的观察与描述

① 颜色：深色、中色、浅色及风化后的颜色等。深色铁镁矿物在岩石中的百分含量称为色率，是肉眼鉴定岩浆岩的重要指标。按色率岩浆岩分为深色岩（色率>65）、中色岩（色率为35～65）、浅色岩（色率<35）。橄榄岩的色率一般>90；辉长岩的色率为30～50；花岗岩的色率<10。色率越高，岩性越基性；反之，岩石越酸性。

② 矿物成分及含量:主要矿物、次要矿物和副矿物等;斑晶和基质的成分及含量。主要矿物如辉长岩中的辉石和斜长石,花岗岩中钾长石和石英;次要矿物在岩石中的含量一般<10%,如石英闪长岩中的石英、黑云母花岗岩中的黑云母;副矿物在岩石中含量通常不到1%,如磷灰石、锆石、磁铁矿等。

③ 结构:根据岩石的结晶程度分为:全晶质、玻璃质、半晶质结构;根据矿物颗粒的绝对大小分为:非晶质、隐晶质和显晶质,其中显晶质根据晶粒大小分为粗晶(>5 mm)、中晶(1~5 mm)、细晶(1~0.1 mm)和微晶(<0.1 mm)。根据矿物颗粒的相对大小分为等粒、不等粒和斑状、似斑状结构。

④ 构造:块状、斑杂状,流动或气孔杏仁状构造等。

⑤ 次生变化:风化和各种次生变化,如钾长石的高岭石化,斜长石和黑云母的绿泥石化、绢云母化等。

⑥ 产状:岩体产出的形态和空间位置,如岩基、岩株、岩床、岩墙等。

⑦ 矿化:矿带的种类及矿化程度。

⑧ 与围岩的接触关系及围岩受影响的程度。侵入岩体和围岩的接触关系常见为侵入接触,围岩明显被岩体切穿;岩体边缘常具有冷凝边;岩体中有时可见围岩的捕虏体;围岩有时伴生矿化现象。侵入接触表示侵入体的侵入时代晚于围岩的形成时代。

⑨ 命名:根据矿物成分,结合结构构造特征进行命名。如肉红色中粒花岗岩、灰白色花岗闪长斑岩等。

描述实例:

花岗岩:肉红色,风化面黄色,球状构造,中粒结构,主要矿物成分是石英、钾长石、斜长石,含少量黑云母;

石英:无色,粒状,断口油脂光泽,含量约25%;

钾长石:肉红色,板状,半自形,完全解理,具玻璃光泽,可见卡氏双晶,含量约55%;

斜长石:灰白色,板状,完全解理,具玻璃光泽,含量约15%;

黑云母:黑色,片状,极完全解理,珍珠光泽,含量约5%。

尚有榍石、磁铁矿等副矿物,含量<1%。

岩石局部出现球状风化。

根据岩石的颜色、结构、构造及主要矿物的种类及含量,此岩石定名为肉红色中粒黑云母花岗岩。

3. 侵入时代的确定

同位素地质年龄:利用岩石中所含某些放射性同位素含量计算岩石的形成年

龄。常用的方法有 K-Ar、Sm-Nd、^{40}Ar/^{39}Ar、U-Pb、Rb-Sr 法等，常用于测定同位素年龄的矿物有白云母、黑云母、钾长石、锆石、角闪石、辉石等。

岩浆活动往往与一定时期的构造运动有关，可根据区域地质发展史综合分析和推断岩体的侵入时代，辅以岩体与围岩之间的侵入关系，以及根据岩体的岩性特征、矿物组合特征、微量元素地球化学特征等和已知时代的岩体进行类比相对确定岩体的侵入时代，但具有较大的局限性。

6.2　地层的野外工作方法

野外见到的成层岩石(沉积岩、火山岩及其变质岩)泛称岩层，当涉及探讨它们的先后顺序、地质年代和组成填图单位时，就称为地层。地层具有很多物质属性，包括岩石学特征、生物学特征、地层结构、厚度和形态、接触关系、地球物理和地球化学特征。这些属性是进行地层划分对比的重要依据，也是野外进行地层学研究所必须观察和描述的。

地层工作是一切地质工作的基础，地层学是地质科学领域重要的基础学科，地层工作的核心是地层的划分和对比。所谓地层划分，就是将地球岩石圈的层状岩层按原来的形成顺序，根据其不同的特征和属性划分为不同的地层单位。例如，根据其生成年代划分为年代地层单位，如宇、界、系、统、阶等；根据岩性特征划分为岩石地层单位，如群、组、段等。另外还有生物地层单位、磁性地层单位、层序地层单位等。地层对比是通过不同区域的地层进行对比，以证明它们形成时代是否相同，层位是否相当。因此，地层工作的目的就是确定岩层形成的地质时代及其新老、上下顺序，建立区域的地层系统，划分地层区划等。

随着大规模地质工作的开展及资源的开发利用，许多生产单位、科研及教学部门做了大量工作，积累了丰富的有关资料。收集这些资料是十分重要的，通过分析整理，这样可以大大提高工作效率，使工作者对工作区地层情况建立初步印象。

在收集前人资料的基础上，在工作区进行实地勘查。在踏勘过程中对前人资料进行验证分析，同时选择地层剖面。选择地层剖面的要求是：地层出露完整连续，化石丰富，顶底界线清楚，中间无构造破坏，在工作区具有代表性。同时通视条件良好，交通便利，以便开展工作。在条件允许的条件下，也可能通过人工或机械挖掘探槽或钻探方法予以揭露，建立符合标准的人工剖面。

野外调查中必须全面收集各类地层资料，有步骤地观察。首先应观察沉积岩系总的关系及构造情况，尤其是大型构造(如侵蚀面、大断层等)；然后仔细观察露头的岩性成分、结构，给岩石以恰当的命名；再看其各种沉积构造、生物化石；确定岩层的顶底面和岩层间的接触关系，建立地层的基本单位，进行地层划分对比；最后根据观察所得全部资料，初步恢复该地区的古环境，进行岩相古地理分析。

6.2.1 岩性组合和地层结构的观察

观察岩层中各类岩层的颜色、成分、结构（粒度、分选、磨圆）和构造等特征，正确识别和描述各单层的岩性、厚度及其变化特征。观察岩层中各类单层的组合方式，即地层结构。

野外必须对地层结构进行详细的观察、描述、素描或照相，正确确定岩层的名称和特征，识别出岩层的标志特征和地层结构特征，进而进行地层的划分和对比。

6.2.2 古生物化石的观察和采集

古生物化石是地层划分和对比的依据，也是确定地层时代和进行沉积相分析的重要资料。

对地层中采集到的化石要进行仔细的观察和描述，初步确定其主要类别，并讨论其时代意义。如䗴、珊瑚、腹足、双壳、头足、三叶虫、棘皮、腕足、笔石、鱼类、蕨类植物及生物遗迹化石等。

实习区志留系坟头组上部地层中三叶虫化石丰富；泥盆系五通组和二叠系龙潭组地层中可见古植物化石；石炭系和二叠系栖霞组地层中䗴、珊瑚、腕足、双壳类等海相动物化石丰富；二叠系孤峰组和三叠系殷坑组地层中菊石类化石常见；三叠系南陵湖组地层中见有鱼龙化石。

对采集的化石标本要详细描述其采集地点、采集位置和保存情况，讨论其种类、时代和生态意义，素描或照相表示其鉴定特征，统一编号并妥善保管。

6.2.3 地层接触关系的识别和分析

地层之间的接触关系可分为整合、假整合（平行不整合）、不整合（角度不整合）和非整合接触 4 种。不整合界面是一个岩性突变面，上下地层的岩相和古生物化石组合是不连续的。不整合面之上通常发育有古风化壳、底砾岩和冲刷面。假整合面上下的地层产状一致，界面平直或起伏不平，但地层时代不连续。如实习区坟头组和五通组地层间的接触关系，就是志留纪晚期加里东造山运动的结果。角度不整合面上下地层产状不一、地层时代也不连续。实习区侏罗系磨山组地层与下伏地层间的角度不整合接触关系，即为中三叠世晚期印支期造山运动的结果。非整合面是沉积盖层和下伏岩浆岩或变质岩之间的分隔界面，代表了古老基底经历了长期的风化剥蚀之后再接受沉积作用的结果。

6.2.4 地层系统和单位的建立

在地层物质属性（包括岩性及岩性组合、古生物化石、接触关系等）观察描述和研究的基础上，建立地层单位和确定地层系统是地层学的中心任务。由于地层的物质属性不同,地层划分的依据不一,所建立的地层单位也不一样。常见的地层单位有岩石地层单位、年代地层单位、生物地层单位、磁性地层单位、生态地层单位、地震地层单位、构造地层单位。以前三种最为重要,野外能确定和建立的主要是岩石地层单位,如表 6.4 所示(据赵温霞,2003)。

表 6.4　岩石地层单位、生物地层单位和年代地层单位特征

地层单位类型	岩石地层单位	生物地层单位	年代地层单位
划分依据	岩性	生物化石	岩石形成年代
地层单位	群 组 段 层	生物带: 组合带 延限带 顶峰带 谱系带 其他生物带	宇 界 系 统 阶 时带
使用范围	地方性	区域性或全球性	全球性

岩石地层单位包括群、组、段、层四级单位。其中组是基本单位,是具有相对一致的岩性和具有一定结构类型的地层体。组可以由一种单一的岩性组成,也可以由两种岩性的岩层互层或夹层组成,或由岩性相近、成因相关的多种岩性的岩层组合而成,或为一套岩性复杂的岩层,但可与相邻岩性简单的地层单位相区分。组的顶、底界线清楚,可以是不整合界线,也可以是整合界线,但组内不能有不整合界面。群比组高一级,为岩性相近,成因相关,地层结构类似的组的联合。段比组低一级,根据岩性、地层结构、地层成因的差别可以将组分为段。层是最小的岩石地层单位,野外实测地层剖面一般要划分层,它是岩性相同或相近的岩层组合,或相同地层结构的组合。

6.2.5　沉积构造和沉积相分析

沉积构造是恢复沉积岩形成时古气候、古地理、古构造的重要依据。野外工作时必须仔细观察,认真记录。典型的沉积构造特征应素描或照相记录。沉积构造主要包括:各种层理构造(如水平层理、波状层理、交错层理、递变层理、韵律层理等);层面构造(泥裂、波痕、冲刷、底模);化学和生物成因的构造(结核、缝合线、生物遗迹、叠层石);同生变形构造(重荷模)等。

交错层理由一系列与层面斜交的内部纹层组成层系,层系之间由层系面分隔。

交错层理根据其形态可分为板状、楔状和槽状交错层理等多种类型。依据交错层理的形态、大小、前积层倾角和方向等可判断水动力特征和古水流方向，进而帮助识别古环境。流水作用一般形成较高角度的板状交错层理，而冲洗作用则形成低角度的楔状交错层理(冲洗层理)，进退潮流作用则形成双向的羽状交错层理。

粒序层理是在同一岩层内由下而上粗细粒度递变纹层所显示的层理，层面基本上相互平行，底部一般具冲刷面。

结核是颜色、成分与围岩有显著不同的自生矿物集合体。可以形成于沉积岩形成作用的各个阶段。当结核脱水收缩时可产生网状裂隙，被其他矿物所充填后形成的结核称龟背石。结核的研究有助于了解岩石的成岩后生变化，也有助于地层的划分和对比。如实习区孤峰组的磷结核、栖霞组灰岩中的燧石结核等。

野外进行沉积相分析，主要依据以下相标志。

1. 岩矿标志

沉积物组分能反映沉积岩的形成历史、物质来源和沉积介质条件等内容。如五通组纯净的石英砂岩形成于浅水高能的海滩环境；坟头组岩屑砂岩则是浅海风暴浪快速堆积的产物。沉积岩的结构特征(如碎屑岩的颗粒大小、粒度分布、分选性和磨圆度、填隙物成分)，石灰岩的组构(鲕粒、生物碎屑、亮晶胶结物等)特征等也可指示沉积物搬运和沉积时的水动力条件、搬运介质等沉积环境要素。

一些特殊的沉积岩或沉积矿产同样具有很好的指相意义。如石灰岩主要形成于浅海、半深海环境；含放射虫的硅质岩和含笔石的页岩主要形成于半深海、深海环境；煤则主要形成于陆地或海陆过渡地带的泥炭沼泽环境。此外，一些自生矿物能直接反映沉积环境。如东马鞍山组的膏溶角砾岩(石膏)形成于干旱气候条件下盐度过饱和的泻湖环境。

2. 古生物标志

不同种类的生物对环境的要求不同。因此，不同类型的古生物化石具有不同的生态意义，生物化石及其组合与生态特征是判别古环境的重要标志。如高家边组的笔石，坟头组的三叶虫，五通组的亚鳞木，石炭—二叠系地层中的珊瑚、䗴类、腕足类，孤峰组、殷坑组中的菊石以及南陵湖组的鱼龙等化石，直接反映了这些地层的形成环境。

3. 沉积构造标志

沉积构造类型多样，是不同沉积环境的产物。结合沉积岩的岩石学研究，可用于推断地层的形成环境。如坟头组发育的丘状交错层理、五通组发育的粒序层理、板状交错层理和生物遗迹构造、和州组发育的泥裂以及和龙山组发育的韵律层理等，都具有指示地层形成环境的成因意义。

6.3　地质构造的观察和描述

6.3.1　褶皱构造

1. 褶皱的位态分类

褶皱空间位态主要取决于轴面和枢纽的产状，根据轴面倾角和枢纽倾伏角将褶皱分为七种类型：

直立水平褶皱(Ⅰ)：轴面倾角 80°～90°，枢纽倾伏角 0°～10°；

直立倾伏褶皱(Ⅱ)：轴面倾角 80°～90°，枢纽倾伏角 10°～70°；

倾竖褶皱(Ⅲ)：轴面倾角 80°～90°，枢纽倾伏角 70°～90°；

斜歪水平褶皱(Ⅳ)：轴面倾角 20°～80°，枢纽倾伏角 0°～10°；

斜歪倾伏褶皱(Ⅴ)：轴面倾角 20°～80°，枢纽倾伏角 10°～70°；

平卧褶皱(Ⅵ)：轴面倾角 0°～20°，枢纽侧伏角 0°～20°；

斜卧褶皱(Ⅶ)：轴面及枢纽的倾向、倾角基本一致，轴面倾角 20°～80°，枢纽在轴面上的侧伏角 20°～70°。

2. 褶皱的观察与研究

(1) 通过观察地层的对称重复出现，确定褶皱构造存在。

(2) 研究核部两翼地层的新老关系，确定褶皱的基本形式，背、向斜。

(3) 量测两翼地层产状，确定褶皱枢纽、轴面产状及褶皱类型。

(4) 通过横剖面观察及褶皱延伸方向的追索，确定褶皱的规模大小。

(5) 通过褶皱内部小构造的研究，转折端形态观察，厚度变化，长宽比，轴迹的方向，确定褶皱的形成机理及受力方向。

(6) 通过参与褶皱的最新地层与不整合面上覆最老地层的关系研究，确定褶皱的形成时代。

(7) 观察研究褶皱伴生断层的性质、方位及其与岩浆侵入体的关系，了解褶皱的完整性。

3. 褶皱的描述

褶皱的名称(地名＋褶皱类型)；地理位置及所在区域构造部位；分布延伸情况；核部位置及核、翼部地层；两翼地层产状及转折端形态；枢纽及轴面产状；次级褶皱分布及特征；褶皱被断层或侵入岩体破坏情况等，褶皱的组合关系类型，形成时代。

6.3.2　断层构造

断层的性质、特征及发育规模，在很大程度上控制了一个地区的地质复杂程度。尤其是大断层可能构成一个地区的基本地质构造格架。野外对断裂构造的分析研究是地质填图的重要内容。

1. 断层分类

断层常用分类方案如表 6.5 所示(据王道轩等,2005)。

表 6.5　常用断层分类简表

<table>
<tr><th>分类依据</th><th colspan="2">类　　型</th></tr>
<tr><td rowspan="10">据断层两盘相对运动特点</td><td colspan="2">正断层</td></tr>
<tr><td rowspan="3">逆断层</td><td>高角度逆断层:倾角一般大于 45°</td></tr>
<tr><td>低角度逆断层:倾角一般小于 45°</td></tr>
<tr><td>逆冲断层:位移显著,角度低缓</td></tr>
<tr><td rowspan="2">平移断层</td><td>左旋平移断层</td></tr>
<tr><td>右旋平移断层</td></tr>
<tr><td colspan="2">平移—逆断层:以逆断层为主,兼平移性质</td></tr>
<tr><td colspan="2">平移—正断层:以正断层为主,兼平移性质</td></tr>
<tr><td colspan="2">逆—平移断层:以平移为主,兼逆断层性质</td></tr>
<tr><td colspan="2">正—平移断层:以平移为主,兼正断层性质</td></tr>
<tr><td rowspan="4">据断层走向与岩层走向关系</td><td colspan="2">走向断层:断层走向与岩层走向基本一致</td></tr>
<tr><td colspan="2">倾向断层:断层走向与岩层倾向基本一致</td></tr>
<tr><td colspan="2">斜向断层:断层走向与岩层走向斜交</td></tr>
<tr><td colspan="2">顺层断层:断层面与岩层面等原生地质界面基本一致</td></tr>
<tr><td rowspan="3">断层走向与褶皱轴向或与区域构造线间的几何关系</td><td colspan="2">纵断层:断层直向与褶皱轴向或区域构造线基本一致</td></tr>
<tr><td colspan="2">横断层:断层走向与褶皱轴向或区域构造线基本直交</td></tr>
<tr><td colspan="2">斜断层:断层走向与褶皱轴向或区域构造线斜交</td></tr>
</table>

2. 断层的观察和研究

(1) 通过构造岩的特征、分布,构造中断,地层的重复与缺失,地貌特征等确定断层的存在。

(2) 断层面的产状确定。断层面出露时直接用罗盘量测;对断层带出露形态及其与地形的关系进行判断。

(3) 断层的位移方向及断距研究。根据断层错断地层的分布,地层的重复或缺失及其地层产状与断层面产状之间的关系,牵引构造,擦痕、阶步,羽状张节理、剪节理的产状，判断断层的位移方向。

(4) 断层类型。通过断层带构造岩、断层面产状、断层位移的研究加以确定。

(5) 断层的展布、延伸规模及其沿走向变化的情况。

(6) 断层与褶皱和岩浆侵入岩体的关系研究。

(7) 断层形成时代讨论。通过切割地层的关系，切割构造(褶皱和断层)与岩体、不整合面的切割关系加以确定。

(8) 必要的素描图、剖面图或照片。

3. 断层描述

断层名称(地名＋断层类型)，位置，延伸方向，通过的主要地点，延伸长度；断层面产状，断层两盘出露的地层及产状，地层的重复、缺失和地层错移特征；构造岩特征、类型及出露宽度；断层位移方向及断距大小；断层与其他构造间关系；断层的形成时代及力学成因等。

6.3.3　节理的观测及描述

节理是野外常见的构造现象，其性质、产状、期次、组合、发育程度和分布规律与褶皱、断层以及区域地质构造都有着密切的成因联系。详细分析节理的发育特征有助于对实习区地质事件的深入了解。节理的观测与描述内容如下：

(1) 节理点所在的构造部位。

(2) 节理的产状、形态，节理面特征，缝隙充填物，节理力学性质类型。

(3) 节理所在岩层的时代、岩性、产状。

(4) 节理的排列形式：平行、羽状、侧列等。

(5) 节理的空间分布、密度、发育状况。

(6) 节理组，切割关系及配套情况。

(7) 尾端变化。

节理观测的记录格式如表6.6所示。

表6.6　节理观测记录表

点号及位置	所在构造类型及部位	所在地质体时代、岩性及产状	节理产状	节理面及充填物特征	力学性质及组合关系	分期及配套	节理密度(n/m)

在各观测点所获得的节理数据、资料等信息要及时在野外进行整理、统计、保存并制图。视解决的问题而制作不同的相关图件，如节理玫瑰花图、节理极点

图等。

6.4 标本采集

在区域地质测量过程中需要采集的标本及样品种类繁多，主要有地层标本、岩石标本、化石标本、矿石标本、构造标本、人工重砂样、同位素年龄样、古地磁样以及化学分析样品等。具体采集何种标本根据地质测量工作项目而定。

标本采样时应注意代表性和真实性，根据设计书的任务和要求，选择有利合适的地点采样，不可信手拈来，甚至捡取来历不明的岩块。一般供鉴定原始成分的样品，采样岩石应十分新鲜，没有次生破坏或混入物；手标本即观察标本或陈列标本，也要尽可能采集新鲜岩石，有时根据特殊要求，最好能适当保留一点风化面，以便能全面地再现岩石的野外直观特征。

标本的规格：陈列标本一般不小于 3 cm×6 cm×9 cm；供鉴定用的标本以能反映实际情况和满足切制片、薄片以及手标本观察的需要为原则，一般不小于 2 cm×4 cm×7 cm；对于矿物晶体，化石和构造标本规格不限。

标本采集后，应立即填写标签和进行登记，并在标本上编号，以防混乱。标本及样品的编号应统一，且不得重复。编号的形式可以采用：标本类型＋观察路线＋标本序号。标本类型一般用英文字母表示，通常 R 代表岩石标本，F 代表化石标本，C 代表化学样品，B 代表薄片标本，如 R-Ⅱ-3。在记录本上应记明采样位置和编号。送出的样品应留副样，以便核对鉴定成果，帮助提高对标本的肉眼鉴定能力。

6.5 地质素描图和信手剖面图

6.5.1 野外地质素描图

素描就是用单色线条在平面上表现立体物像的方法。地质素描则是从地质观点出发，运用透视原理和绘画技巧来表现地质现象的方法。因此，地质素描图是将各种地质现象集中、形象地描绘在画面上的地质成果。

好的地质素描能直观、形象地表达地质现象而又起着照相所不能及的作用。摄影只能把镜头所对的一切东西毫无遗漏地记录下来，而地质素描则可用简练的线条突出地质现象。

素描图是由各种线条构成的，能够运用自如地绘制各种线条是素描成功的基础。根据地质素描中线条的作用，可以分为轮廓线和阴影线两种。轮廓线是勾绘物像外形及其各部分明暗界线的简单线条，是地质素描图的骨架，它必须符合透视法则。阴影线是表现物像明暗差别的线条，合理地使用和摆布阴影线条，能够鲜明、逼真地反映出物体的质量，即通常所说的立体感。在某些情况下为了增强地质感，阴影线可用相应的岩性图例花纹来代替，如砂岩用点，页岩用平行线，灰岩用"砖墙"线，如图6.3所示。

图6.3　巢湖麒麟山南坡采场地质素描图

（宋珍炎，2005）

6.5.2　信手地质剖面图

信手地质剖面图是用来表示某一露头或某一条观察路线，某一方向剖面上地层划分，岩性改变，产状变化，岩层错断，弯曲褶皱，岩浆侵入等地质内容。主题依地质内容而定，大小以目估为准，比例以满幅地质记录页而设。地形剖面、地质界线勾画应尽可能准确。由于作图比较自由灵活，故名信手地质剖面图。

信手地质剖面图上一般在正上方要注有图名，下写比例尺，标明剖面方向、产状、岩性花纹等内容，如图6.4所示。

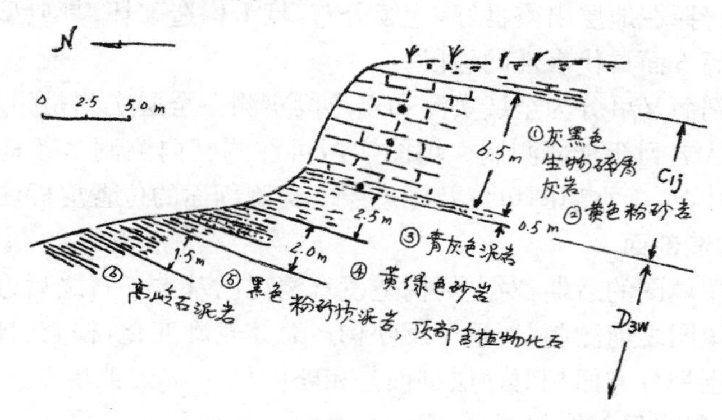

图6.4　信手地质剖面示意图

（周治安，1993）

第 7 章 实测地质剖面

地质剖面是研究地层、岩石和构造的基础资料，根据剖面资料划分填图单位，是地质填图工作的前提。野外实地踏勘之后，在正式开展地质填图之前，首先要测制填图范围内的地质剖面。

通过实测地质剖面，建立各类地质体的空间几何关系以及地质体组合顺序，合理确定区域地质填图中各类地质体的基本填图单位，有效地把握区域地质构造框架，为解决区域地质调查需要解决的基础地质问题奠定基础。

7.1 实测地质剖面的种类

通过地质剖面的测制，了解测区内地层、构造、矿产以及火成岩体侵入等特征。因此，实测地质剖面又分为实测地层剖面、构造剖面、岩浆岩侵入体剖面以及矿产、地貌剖面等。对于地质填图实习来说，主要掌握地层剖面和构造剖面的测制方法。

7.1.1 实测地层剖面

实测地层剖面，建立地层层序是进行大面积填图的先决条件。其目的是为了系统地掌握测区内所有地层的岩石成分、结构构造、所含化石、地层顺序、时代、接触关系、地层厚度及含矿层位等特征，以便进行工作区地层对比，编制综合地层柱状图，建立工作区区域地层系统，并据此确定测区的填图单位及标志。为此，地层剖面位置要求选择在地层出露良好，连续分布，且无构造破坏，具典型化石特征、岩石组合及厚度等方面具代表性的地段。

实测地层剖面又可分为全层实测和重点段实测。全层实测是指对测区内所发育的全套地层从老到新全部测制。填图实习可在测区内测制多条地层剖面，以便对比地层发育情况，确立填图单位及标志层。实测剖面的位置应标注在地形图上。

7.1.2 实测构造剖面

一般在地质填图的后期，对全区构造发育情况已基本了解之后进行测制，也可以在正式开展填图之前测制，着重于反映构造总体轮廓变化，检查、校核填图质量。构造剖面在地层划分方面相对地层剖面是粗略的。

7.1.3 实测岩浆岩侵入体剖面

对侵入岩区测制剖面的目的主要是为了查明岩体产状和形态、组合类型、岩体与围岩的接触关系，解决岩体形成时代、变形及就位机制等。实测剖面应选择在基岩露头基本连续、垂直深成岩体内部构造线(相带界线、接触界线等)、复式岩体关系基本清楚且构造简单的地段。实测剖面可以一个单元为对象测制,也可以一个超单元为对象测制,但要穿过整个侵入体,并包括外缘接触带或蚀变带及部分未变质围岩。

7.1.4　实测变质岩区剖面

变质岩区测制剖面的目的是为了进一步认识填图单位的岩石类型、接触关系、变形—变质特征、区域构造轮廓、构造样式、构造变形强度以及地质事件演化序列等。鉴于变质岩的特性,为更加合理地选择剖面位置提供充分依据,测制剖面的工作一般应在填图单位已确定,各类岩石类型及变形—变质带、区域构造轮廓已基本查明的基础上实施为宜。

7.2　地层剖面的测制方法和技术要求

7.2.1　测制方法

1. 直线法

对于露头出露、通行条件、通视条件均良好的剖面可以采用此种方法。实测剖面时反复测量导线的前进方向,使各导线始终保持在一个方向上。这种方法由于条件要求高,受野外露头条件限制,使用不多。

2. 导线法

实测剖面时,由于前进方向的地形变化,障碍物(诸如建筑物、沟坎等)存在,导线不能保持在一个方向上,测制时需分段测制,甚至相邻导线也可以不在同一直线上。这种方法不受通视、通行条件限制,因而广泛使用。

有时,测制剖面遇到障碍物,导线不能通过,可以采用平移剖面法。这种方法就是从已测制的导线点沿地层走向进行平移,到下一个导线点继续测制,平移两侧的导线点处地层应可以对比,如公路两壁剖面,在其中一壁测制剖面时如遇覆盖,可以平移到公路另一壁上进行测制。有时测制剖面如遇第四系覆盖,可以测制辅助剖面进行补充,辅助剖面与主剖面掩盖部分的地层层位要相当。

不论是直线法还是导线法测制剖面,导线方位要基本垂直于地层和主要构造线走向。一般情况下,两者之间的夹角应不小于 60°,否则误差较大。

7.2.2　技术要求

地质剖面通常采用半仪器测制,使用的工具有:GPS、罗盘、皮尺(或测绳)等。剖面测量小组一般由 5～6 人组成,具体分工及技术要求如下。

1. 测手

俗称拉皮尺的。由于两人拉皮尺，因此又可分为前、后测手。如测量 0－1 导线的方位时，后测手位于 0 点，前测手位于 1 点，确定 1 点在 0 点的方位角；测 1－2 导线时，后测手位于 1 点，前测手位于 2 点，确定 2 点在 1 点的方位，如此类推。

后测手的任务是测量前进方位、坡角。测量坡角时，要注意地形的起伏，前进方位的地形向上时为正，如＋20°，向下时为负，如－15°。测量方位角和坡角均以后测手为准。

前测手主要是校正后测手所测的方位角、坡角。其所测方位与后测手相差 180°，坡角正、负号相反；前测手还负责导线长度的测量，读数时后测手应拉住皮尺的零点。此外，前测手还需选择下一导线点前进位置，选择下一导线点的位置要注意：尽可能选在地质界线点上，如地层界线；应选在地形转折处，尤其是地形凸起转折处。

测制剖面时，首先要选定起始点，起始点一般选在实测地层与其下伏地层的地层分界线上，或选在下伏地层的顶面。

2. 地质观察员

地质观察员是剖面测量的总指挥。其主要任务是分层、读各分层数据，描述各分层岩性特征、化石特征，协调全组工作。

分层原则：按实测剖面比例尺要求，剖面图上能标定2 mm的单层，在实测时要按相应厚度划分出来。如剖面图的比例尺为 1∶200，则40 cm厚的岩层应划分。分层工作在测量前进行，分层完毕并做好标记后，再开始下一步工作。

野外分层主要依据以下几个方面：岩性不同；岩层单层厚度变化，如厚层、中层、薄层的不同；化石赋存特征。特别对于标志层、矿层，即使在剖面图上花纹厚度小于 2 mm，也应分出，在剖面图上夸大地表示出来。

岩性描述：岩石的描述须采用岩石的野外观察和描述的方法和命名原则（见第 6 章）逐层描述。描述完毕，观察员下命令，测制下一导线。

3. 标本采集员

其任务是采集岩石和化石标本及地层产状的测量。采集标本要求规格为 3 cm×6 cm×9 cm 或 2 cm×4 cm×7 cm。标本要实行统一编号（剖面号—分层号—标本编号），如：I—2—2—R，R 表示岩石标本，若为化石标本，用 F 表示。

地层产状测量要求剖面图中每2 cm测量一个产状。野外尽量多测，绘制剖面时，可以进行选择取舍。

4. 记录员

其任务是：把前后测手、地质观察员读下的各项数据，描述内容记录在专用表格上，如表7.1所示。

表7.1　实测地层剖面记录表

（长度单位：m）

导线编号	导线方向	导线斜距 L_0	分层号	分层斜距 L	地层倾角 α	坡度角 β	导线间夹角 γ	地层走向与	地形高差 h	导线平距 W_0	分层平距 W	真厚度 D	分层累计厚度	分层描述	标本编号

勾绘剖面草图：为了便于校正剖面数据，在野外实测时要求勾绘出剖面草图，把实测的导线点号、分层号、分层产状、地层之间的接触关系、化石层位、标本采集位置及地形（尤指微地形的变化）、地物等内容表示出来。

上述人员的分工是人为的，可以视具体情况而变。如果人员较少，前、后测手可由记录员和地质观察员兼任。如果人员较多，则记录员担任的勾绘剖面草图、记录数据和岩性描述工作可分由两人做。在实际测量工作中，各项工作的忙闲也不均一。一般来说，记录员最忙，地质观察员较重要，前后测手的工作相对清闲，标本采集员较辛苦。因此，地质观察员在整个测制过程中要当好指挥，负责全组的调度。每个人员在严格、认真地完成自己的任务后，要互相协助，共同把工作做好。

整个剖面测制完毕后，应进行野外校核。小组集中把数据检查一遍，若发现数据遗漏，立即弥补。如检查无误，即可结束实测剖面测量工作，转入实测剖面资料的室内整理工作。

7.3　实测地层剖面图的绘制

在绘制实测地层剖面图和地层柱状图之前，必须先整理和计算野外的实测剖面数据。在处理实测剖面数据之前，应全面检查所有数据，把野外记录表格和野外草图互相校核,发现错误及时纠正。全面检查无误后,即可整理和计算相关数据如表7.1所示。

7.3.1 实测数据的处理

1. 换算高差和平距

把各导线的斜距换算成平距,并假定起始点高程 $H_0=0$,按相邻导线点之间高差,换算出各导线点的高程,具体换算可按下列公式:

平距:
$$W = L \times \cos\beta$$
高差:
$$h = L_0 \times \sin\beta$$
高程:
$$H_n = H_{n-1} + h \ (n = 1, 2, \cdots)$$

式中,L 为分层斜距;L_0 为导线斜距;β 为地形坡角;H_n,H_{n-1} 分别为 n 点、$n-1$ 点的高程。

2. 换算岩层的视倾角

根据导线方位或选择的基准线与岩层走向之间的夹角,把岩层的真倾角换算成视倾角,通常采用下列方法:查表法,利用野外地质记录簿附表;赤平投影法,利用赤平投影方法可求视倾角。

3. 换算分层厚度

根据斜距、岩层倾角、坡角和岩层走向与各段导线方向间的夹角换算各个分层的厚度,可用下列公式换算:

$$D = L \times (\sin\alpha\cos\beta\sin\gamma \pm \sin\beta\cos\alpha)$$

式中,D 为分层真厚度;L 为分层斜距;α、β、γ 分别为岩层倾角、地形坡角、岩层走向与导线方向之间的夹角。

应用上述公式时,若地形坡向与岩层倾向一致时,公式中用"-"号;反之,则用"+"号。若计算结果为负值,则取其绝对值。

7.3.2 绘制地质剖面图

用导线法实测地层剖面时,由于导线方位的不断改变,因此绘制剖面图时,采用投影法。这种方法是将各导线段的剖面线都投影到某一选定的基准线(剖面图方位)上,然后根据基准线方向与岩层走向线之间的夹角关系,求出该剖面内的视倾角,作出基准线的地质剖面图。具体作图步骤如下:

1. 绘制导线平面图,确定剖面方向

首先根据实测的导线方向、平距,用小比例尺在稿纸上绘制导线实际平面图,然后确定基准线的方位,即剖面方向。确定基准线的方位有两条原则:

(1) 基准线应尽量垂直多数岩层的走向线。

(2) 基准线的位置,应尽量靠近多数导线段。如果各导线的总方向基本垂直主要构造线或岩层走向时,则起点和终点的连线就可定作基准线。

基准线确定后,把基准线的方向与方格纸上的横线一致,再根据实测的导线方向、平距重新绘制一张导线平面图,并在导线上方将产状符号标注在所测量的相应位置上(产状符号的走向线长 5 mm,倾向线长 2 mm)。然后根据岩层走向在分层点处绘出分层线(2 cm)和地层界线(3 cm),地层整合接触关系用实线表示,假整合用虚线表示。在导线平面图上,把导线点号写在导线上方,层号和地层代号写在导线下方,如图 7.1 所示。

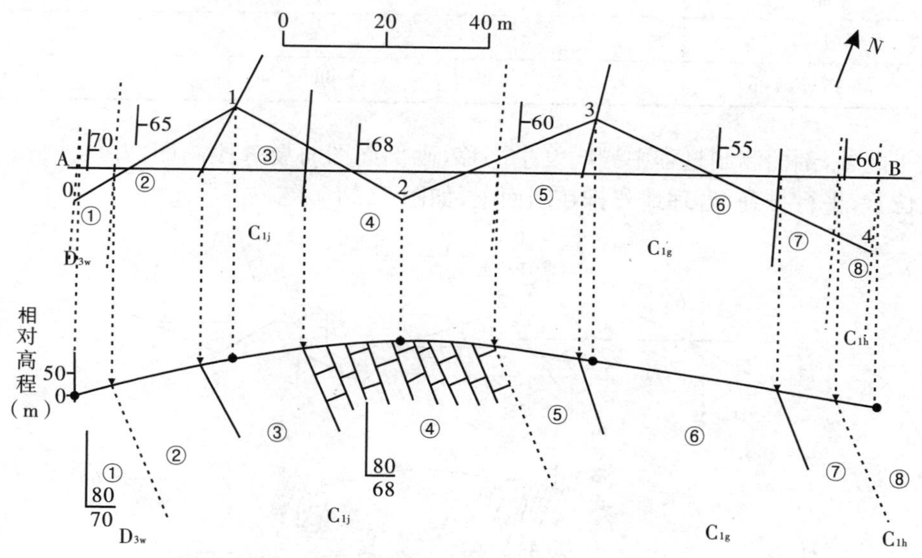

图 7.1　导线法绘制的实测地层剖面示意图

2. 绘制实测剖面图

(1) 在导线平面图上适当位置画出高程线。

(2) 把各导线点投影到平面的基准线上,再根据各导线点相应的高程垂直投影到剖面图上。

(3) 参考野外剖面草图,将各导线点上的高程点用圆滑曲线勾绘地形线。

(4) 将各分层点位置投影到地形线上。

(5) 按基准线与岩层走向间的夹角关系,把真倾角换算成视倾角后,在剖面图上绘出地层界线(分层线 2.5 cm,地层界线 3.5 cm),然后画出各分层岩性符号(2 cm),并标注分层号和地层代号。

(6) 将岩层产状标在分层线下方,用分子分母式表示,如图 7.1 所示,下方数据为岩层产状数据,分子为倾向,分母为倾角。将动植物化石层位标注在相应层位的地形线上方，地物标志也标在相应位置上。

(7) 在导线平面图之上写明图名、比例尺，右上方标出剖面方向，在剖面图的下方画出剖画图所用图例。

(8) 在剖面图的右下方画一责任制表，其格式如表 7.2 所示。

表 7.2 责任制表格式

单　位	安徽理工大学××班第×组		
制图人		组 长	
成　员			
指导教师		日 期	

此外，剖面测制过程中导线发生平移，画剖面图时要分段画图，并按实际的相对位置，平行排列，合理地安排在图面上，如图 7.2 所示。

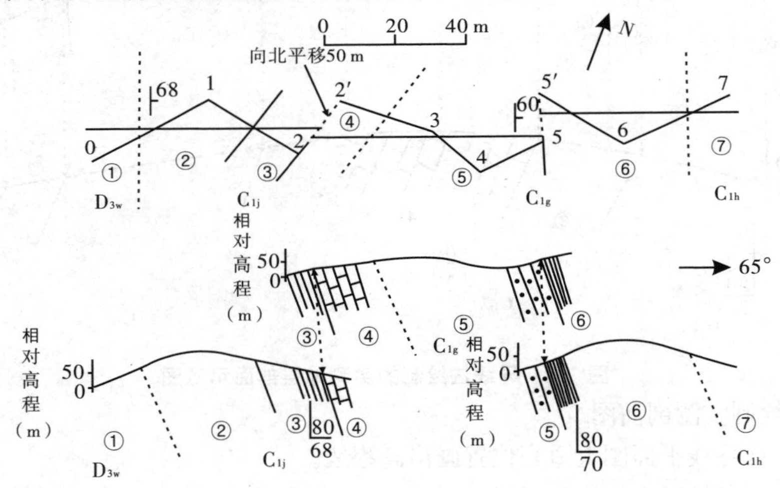

图 7.2 剖面位移时的实测地层剖面示意图

7.3.3 地层柱状图的绘制

根据所测地层的岩性特征、厚度、接触关系、化石种类、矿产等，即可编制实测地层剖面的柱状图。把所测地层按其厚度以一定的比例尺绘制，地层柱状图的格式如表 7.3 所示。在柱状图之上写明图名(地层柱状图)、比例尺。

编制实测地层柱状图时，需注意以下问题：

(1) 柱状图中厚度是表示各分层的真厚度，若系数个分层合并成为一层，则该层的厚度就是指数层厚度之和。

表 7.3　地层柱状图格式

系	统	组	分层号	分层厚度	柱状图	岩性描述	样品编号
1 cm	1 cm	1 cm	1 cm	1 cm	(0.5＋2＋0.5) cm	6 cm	1 cm

(2) 实测剖面时所采样品按统一编号标明在采样一栏中。

(3) 岩性柱状要标明岩性符号,并标明动植物化石。

(4) 岩性描述要认真、细致,化石描述要规范、齐全。若某岩层厚度较薄,而岩性描述内容较多,可在其上下用线条框扩张。若某段岩层岩性变化有规律组合,可把韵律变化的岩层进行合并,如砂、泥岩互层。

(5) 岩性柱状图一定要下老上新,切不可倒置。

应当强调的是,在绘制剖面和柱状图时,要求图面布局安排合理,如图 7.3 所示,比例协调,重点突出,图面整洁,字迹美观大方。

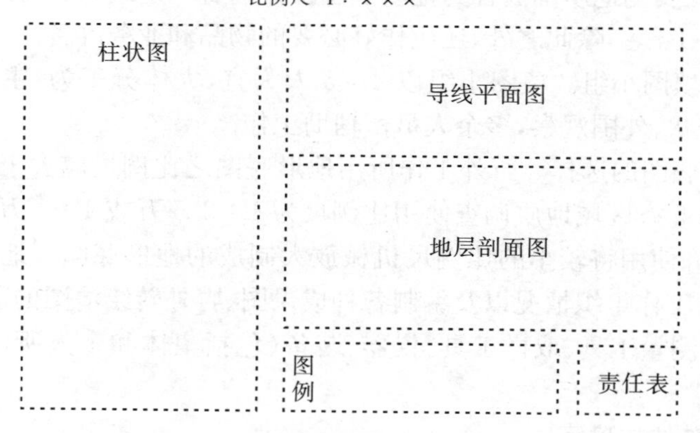

图 7.3　实测地层剖面图布局示意

剖面图绘制完毕后,应对所得资料进行分析总结,确定标志层和填图单位,准备进入下一段野外工作——地质填图。

第 8 章　巢湖实习的地质填图方法

经过踏勘、实测地质剖面，对工作区的地层进行了研究，确定了填图单位之后，就可以按照所划分的填图小组，开始野外地质填图。

地质填图的任务是：在选定的地质路线和地质点上进行观察描述，全面收集工作区的各种地质资料，在地形图上如实地标定出各种地质界线（如填图单位的界线、岩体的界线、各种构造要素等），为编制全区地质图和地质报告打好坚实的野外基础。地质填图是区域地质测量中最重要的一个环节。

8.1　实习的准备工作和填图单位的确定

8.1.1　准备工作

野外踏勘、实测地质剖面皆为地质填图工作的有机组成部分，亦可视为地质填图的前期准备工作。除此之外，还应作好必要的物品和业务准备。

(1) 划分填图小组。填图小组以 4～5 人为宜，大体分工为：主图、记录、采集标本和测量产状、外围观察，多余人员做辅助工作。

(2) 地形底图的选择。野外工作所用地形底图之比例尺应大于最终成果图的比例尺，如 1∶5 万区域地质调查使用比例尺为 1∶2.5 万或 1∶1 万地形图。一般情况下，不允许使用将较小的比例尺机械放大制成的地形底图。地形图准备的数量应根据野外工作组织情况以及编制各种成果图、野外转绘清图的需要来确定。

(3) 各种测量工具、取样工具、仪器、装备（包括集体和个人所用）等应检查调试、核对落实。

8.1.2　填图单位的确定

填图单位是指在地质图上要求反映和划分出来的地层，它是在实测地层剖面的基础上按照填图比例尺大小的要求来确定的。大比例尺填图单位要求细，小比例尺填图单位则要求较粗。

《1∶5 万区域地质调查技术要求》中，对填图单位的划分要求如下：

(1) 沉积岩岩石地层的正式填图单位要划分到组。若组的厚度过大，可进一步细分为段。第四系以岩石地层单位或成因单位为基本填图单位。

(2) 火山岩区的岩石地层单位划分，要根据沉积或喷发叠覆或横向变化关系、喷发旋回、喷发韵律、岩浆演化等综合因素，合理划分正式与非正式岩石地层单位，正确建立岩石地层序列。

(3) 侵入岩按侵入体为基本的填图单位，对不同类型的侵入岩，均按“岩性＋时代”或“岩性＋时代＋典型命名地”的方法进行填图单元的划分和填绘。

(4) 变质岩层的划分：中—高级变质地层的填图单位按岩组、岩群表示。低级变质的沉积岩和火山沉积岩区原则上按沉积岩的要求进行工作，低级变质的侵入岩可参照侵入岩划分要求进行。

填图单位的确定是否合理将直接影响到地质填图的质量，因此，每个填图小组及其成员都应掌握以下原则：

(1) 一般情况下，填图单位不能大于地质调查精度所要求的最大地层单位的范围。

(2) 每一个填图单位应当有特定的岩性组合，如巨厚的单层、复杂的互层、完整的沉积旋回等。

(3) 每一个填图单位要具有明显的识别标志，包括岩石的颜色、成分、结构、构造、古生物及其组合特征等。

(4) 要有一定的厚度和出露宽度，如图 8.1 所示。每一个填图单位的厚度和出露宽度不能过大或过小，最小单位在图上的表示宽度不小于 1 mm。

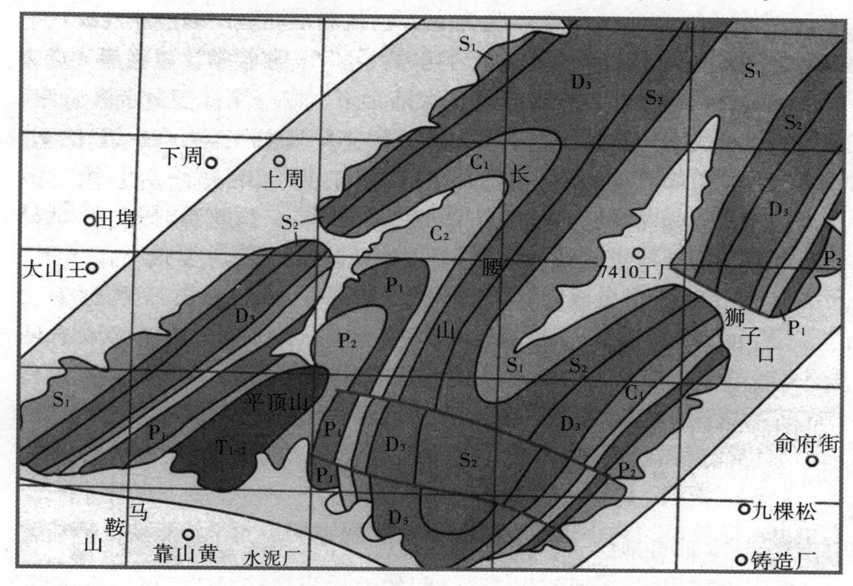

图 8.1　巢湖凤凰山地区构造纲要简图

(据西北大学地质学系，2007)

（5）一个填图单位的特征与其他单位要有直观上的区别。如果区别不大，相邻填图单位之间应该有能使两者界线进行区分的标志层。

（6）一个填图单位内部不应包含明显的沉积间断面，如平行不整合或角度不整合。被不整合面限制的填图单位，若其出露宽度在图中不足 1 mm 时，应夸大表示，不能与相邻单位合并。

实习区地层填图单位划分为：S_{1g}、S_{2f}、D_{3w}、C、P_{1+2}、P_3、T_{1+2}、J_{1m}、Q。

8.2 填图路线的观察点的布置

8.2.1 填图路线的布置原则

为了尽可能地做到跑最短的路线，而观测和搜集到尽可能多的地质信息，填图路线的布置应与测区地层界线、主构造线、岩体边界线等方向垂直。路线间距除考虑不同比例尺的精度要求外，还要考虑到地质构造的复杂程度。一般地质构造简单，遥感解译程度高的地区，路线间距可适当放宽。

《1∶5 万区域地质调查技术要求》对系统观测路线布设的要求是：必须全面控制调查区所有地质体、矿化体和主要构造形迹的空间展布形态及其分布规律；路线应以垂直区域构造线方向的穿越路线为主，适当辅以追索路线。具体如下：

（1）穿越路线要尽量控制地质体、矿化体及其间的重要接触关系或重要构造部位。

（2）当岩性岩相变化较大，地质体、矿化体走向延伸关系不清，或为了解某些重要接触关系、矿化带边界的空间延伸情况等特征时，可布置追索路线。

（3）对路线线距和点距不作机械的规定，但要求点、线控制应形成一定的网络格架，能有效控制各类地质体。

（4）有实测剖面控制的地段，不必重复布置地质路线。

总之，观测路线的布置必须因地制宜，灵活多变，既能满足地质填图比例尺的精度要求，又能发挥最佳效率。

8.2.2 填图路线的布置方法

填图路线的布置方法有穿越法、追索法和全面踏勘法三种。

1. 穿越法

填图路线基本垂直地层走向或区域构造线方向，按一定间隔穿越调查区，研究地质剖面，标定地质界线。而路线与路线间的地质界线按“V”字形法则来联绘。

此法优点在于较易查明地层层序、接触关系、岩相纵向的变化以及地质构造的基本特点，且工作量较少，而获得资料信息较多。缺点是两条路线之间的地质界线不能直接观察到，所联绘的地质界线难免与实际有出入；对岩相、厚度沿走向的变化不易查清，且有可能漏掉小的地质体、矿点、横断层等。

2. 追索法

沿地质体、地质界线或构造线的走向布置路线。适用于对岩体、断层、含矿层、标志层、地层不整合界线等的追索。其优点是可以细致地研究地质体的横向变化，特别是对确定接触关系、断层和含矿层的研究；可以准确地填绘地质界线，有利于研究专门问题。缺点是工作量大，工作效率低。此法多用于大比例尺的矿区填图。

3. 全面踏勘法

亦称露头圈闭法。这种方法没有严格的路线要求，随意穿越或追索并对露头进行圈定。其特点是：对各个地段的观察详简不一，界线的准确性很不一致，资料的搜集和编录也没有次序，工作计划性较差。故不宜用作有组织的大规模调查，一般在解决某些疑难问题或进行工作复查时使用。

在实际工作中，上述三种方法并不能截然分开，而常常是在一个地段以一种方法为主，其他方法配合使用。在一些穿越路线上，为了确定接触关系或横向变化，经常需要向路线两侧作短距离的追索；在追索路线上，为了解地质体纵向上的变化，如了解岩体由边缘至中心岩性岩相的变化，就需配合穿越路线。

实际的观察线可以是直线型，也可以是"之"字形或"S"形，甚至有曲折迂回，其间距并不严格按照规定的线距，但应尽量接近规定的平均线距，保证填图精度。

8.2.3　观测点的布置

在野外路线观察过程中需及时标定观察点，其作用在于能准确地控制地质界线或地质要素的空间位置；使原始资料的编录条理化、系统化；控制各种地质资料的联系以及文、图资料与实地位置的符合；便于原始资料的整理、查阅和检验工作质量。

观察点的布置以能有效地控制各种地质界线和地质要素为原则。一般应布置在具有明确地质意义的位置，如填图单位的界线、标志层、化石点或岩相明显变化点；岩浆岩接触带、蚀变带、矿化点和矿体；褶皱枢纽、褶皱转折端、断层破碎带；节理、劈理、线理测量统计点；代表性产状要素测量统计点；取样点、地质工程（如探槽等）、钻孔位置等。其他有意义的地质现象如水文点、地貌点、出土文物点亦应布置观察点。观察点没有固定的密度要求，应避免不顾及地质意义而机械地等距布点。

8.2.4　观测点的标定

将野外地质观察点的位置准确标定在地形（手）图上的过程称为定点。图上点位的精度要求是允许误差不得超过 1 mm。常用的定点方法有三种。

1. 目测法

当地形地物特征显著时（如烟囱、桥头、涵洞口、孤树、凉亭、独立石、沟谷交叉处等),选择离点位最近的典型地物用罗盘定其方位,目估点位与地物之间的实际距离,按比例在地形图上定出点位。

2. 交汇法

用前方已知地物点的方位来交汇待定点的位置,如图 8.2 所示。先在待定点的周围找出三个或三个以上明显的地形或地物标志(三角控制点、古塔、桥头、凉亭、孤树、尖峰、烟囱、水塔等),用罗盘仪测出待定点位与已知地形地物的方位,再用量角器在地形图上分别从三个已知点按所测方位角向中心交汇,三线交点即待定点位置。事实上往往交汇出一个三角形。如果三角形不大,则取其重心作为点位;如果三角形太大,则要重新交汇。

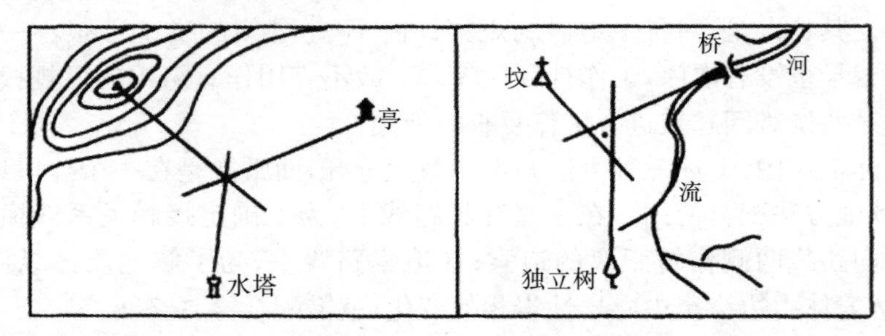

图 8.2 后方交汇标定观察点位置示意图

(据王道轩等,2005)

3. GPS 法

利用全球定位系统基础上的遥感卫星定位仪,直接读取定位仪所在点的经、纬度和高程数据,是目前使用的快捷方法,精度也比较高。GPS 的使用方法,详见 10.2 节。

8.3 地质填图的质量控制

填图路线的长度和点、线间距是区域地质填图的质量标准。

8.3.1 地质点和地质观测路线

《1∶5 万区域地质调查技术要求》有如下规定:

(1) 单幅有效观测路线总长度一般控制在600 km以上,有效路线平均间距一般控制在 500～600 m。

(2) 对区域性的主要构造带、地质体,必须要有足够的地质路线控制,其路线控制程度,应以能较准确地圈定出地质构造、地质体形态为原则。

(3) 所有地质界线以及地质构造、岩体、接触关系、含矿层位、水文地质、地貌景观等重要地质现象均应有地质观测控制点。观测控制点的记录务必翔实，测量数据准确齐全，并附必要的照片和素描图或录像资料，并采集必要的实物标本。

(4) 要着重查明不同地质体间的接触关系，包括地层间的整合、假整合和角度不整合接触；岩体间的侵入关系和先后顺序；不同岩性、岩相间的渐变过渡关系；矿化带与围岩的接触关系、各种构造接触关系等。

(5) 系统观测路线、踏勘路线和专题研究路线，要求作好连续路线信手地质剖面(比例尺 1∶5000～1∶10 000)。

8.3.2　野外手图和地质图中地质体的标定

(1) 野外手图采用 1∶2.5 万数字化地形图。所有地质体、正式填图单位和非正式填图单位、各种有意义的地质现象、构造形迹及有代表性的产状要素(含地层、岩层、面理、线理以及原生构造产状及样品的采样位置等)，均应准确标绘到野外手图上。

(2) 野外调查工作中的地质观测点、线在野外手图上标定的点位与实地位置误差一般不得大于 25 m。

(3) 对直径大于50 m的闭合地质体；宽度大于 25 m、长度大于50 m的线状地质体；长度大于250 m的断层、褶皱构造均要标绘在野外手图上。对分布面积过小，但具有重要意义的特殊地质体和矿化体，要用相应符号、花纹夸大或归并表示在图上。

(4) 基岩区内面积小于 1 km^2 和沟谷中宽度小于100 m的第四系，在地质图上不予表示。但类型特殊或含有重要矿产的第四纪沉积，其范围虽小也应适当夸大表示。

(5) 在大片第四系分布区，对前第四系基岩露头，凡地质路线所及，无论出露范围大小，都需进行观测描述，并标注或夸大标注在图上。

(6) 1∶5 万地质图只标定直径大于100 m的闭合地质体；宽度大于 50 m、长度大于100 m的线状地质体；长度大于250 m的断层、褶皱构造。对范围虽小，但具有重要意义的特殊地质体和矿化体，均可用相应符号、花纹夸大或归并表示在图上。

8.4　填图实习的观察记录和资料整理

8.4.1　路线地质观察程序

路线地质观察的一般程序是：标定观察点的位置；研究与描述露头地质和地貌；系统测量地质体的产状要素及其他构造要素；采集标本和样品；追索与填绘地

质界线；沿前进方向进行路线观察与描述；绘制信手剖面图和素描图等。

地质人员在路线上必须连续进行地质观察，当某一观察点工作完毕后，无论沿穿越或追索路线皆应连续观察和记录到下一观察点，以了解和掌握如层序、岩性、产状要素、接触关系以及厚度等地质内容从此点到彼点的变化情况。若只孤立地对观察点进行研究描述而放弃路线地质观察，中间缺乏足够的系统性、综合性资料，则很难对区域地质特征得出完整的认识。

在进行野外地质路线观察研究的过程中，必须严肃认真，实事求是；重视第一手资料，客观地反映实际情况，不能对现象的取舍带有主观随意性；应该做到“四勤”，即勤敲、勤看、勤测、勤记。调查过程中，还必须对所观察到的资料和数据，不断地进行思考、分析、综合。这不仅可以对发现的问题随时作出正确的判断或提出解决问题的方案，及时在现场进行检查和验证；还可对前进途中可能出现的情况作出预测，提高路线调查的预见性和主动性。

一般情况下应在现场(野外)根据露头的出露情况，在地形图上填绘地质界线。在勾绘地质界线时，应根据地质点附近的地形、岩层产状等实际情况，运用“V”字形法则从地质点向两侧送线，送线长度为观察线间距的一半。

也可以先利用间接标志(如风化物、植被、地形、水系等)用目测定点的方法遥测一些辅助控制点，然后再根据“V”字形法则将地质界线联绘出来。

如果地质界面的产状比较稳定，也可以利用放线距原理勾绘地质界线。

8.4.2 地质观察点的记录

野外记录簿的右页做文字描述，记录项目包括工作日期、观察路线的编号及路线起讫点和经由点；观察点编号、位置、坐标(含 GPS 数据)、点性、露头状况、观察内容和各种测量数据、标本和样品编号等。

在每天开始路线起始点记录前，首先应在记录本页眉处填写日期、天气和工作地点；再在正页开始处记录所跑路线名称、目的任务、人员姓名及分工、所用手图。每个观察点的记录内容如下：

(1) 点号。点号是对每一个地质观察点的编号，同一填图小组记录使用的地质点号应是连续的，如 P001，P002，P003 等等。

(2) 点位。点位是对地质观察点位置的表述，可有多种方法。一般可通过目测法或交汇法在手图上定点，再将图上所定点的 X 和 Y 坐标记录下来。也可以直接记录该地质点的 GPS 坐标，并按坐标值将点标注在手图上。

(3) 点性。点性是对地质观察点的定性，分为地层界线点、构造点、岩性控制点、化石点、水文观察点，等等。

(4) 描述。描述是对地质点的观察内容进行详细的记录描述。包括露头情况、地貌特征、地层岩性、构造特征、接触关系、产状等内容。

露头情况:描述观测点附近的露头好坏、露头性质是天然露头还是人工采石场,露头规模,延伸情况,风化程度和植被覆盖等情况。

地貌特征:描述观测点附近的地形特征,如山坡、山脊、陡崖、沟谷等特殊地形地貌,组成的岩性,地貌成因及其与地质构造的关系。

地层岩性:对地层和相关岩性的描述。首先应将观察点两侧的地层单元、产状、接触关系和时代加以说明,然后再分别描述其岩性特征。岩性描述应按照岩石学对各类岩石的描述要求,对主要岩石类型的定名、颜色、结构、矿物成分及含量、构造特征等详细描述。

构造特征:对发育有构造的地方,应描述各种构造的形迹、规模、性质、产状要素,并对其运动学和动力学特点进行分析判断、照相、素描。

接触关系:对观察点附近地层单元之间的接触关系一定要加以交代。分为整合接触、平行不整合接触、角度不整合接触和断层接触。

产状:对有露头的观察点,一定要测量并记录产状。除了记明产状数据外,还必须注明是什么产状,如地层、层理、片理、劈理、线理、节理、枢纽、断层面等。

标本和样品编号:凡在点上取过样品或采过标本的,一定要按照样品和标本的分类进行编号并记录。对点上和点间的样品、标本要按类统一连续编号记录。

照片编号:凡在点上或点间对各种地质现象照过相的,也要统一编号并记录。

记录簿左页的方格纸供地质素描或制作信手剖面图所用。地质素描是野外地质编录的重要形式。地质人员要养成随时随地画信手剖面和进行地质素描的习惯。

地质素描图有两种:一是用花纹图例表示地质内容的平面素描图,其立体感稍差,但地质内容比较鲜明突出,如剖面素描等;二是立体图素描,用于反映区域构造或地貌、小型构造、各种接触关系、标本或露头的特写等。素描应有主体,突出重点。素描线条要简洁,与素描主题无关的景物应当尽量简化,但切忌凭主观意图取舍地质内容。按一般要求,一本野外记录簿中1/4的页码应附有素描图或地质照片,如图8.3所示。

地质摄影比素描图更为真实准确,也是地质编录的重要手段。尤其是现代高新技术的发展,数码相机、摄像机已被广泛使用于野外而获得更多的地质信息。但因受各种景物的干扰,图像上往往地质主题不鲜明,故常需要素描图给予补充。

在野外记录簿或专门登记表中也应按要求对各类数码图像进行详细编录。

野外填图路线的观察记录从起点至终点应连续完整。除地质点上的观察记录外,还应包括点间的观察和记录,以便了解地质要素在点与点之间的变化情况。如果孤立地进行点上的观察和描述，中间缺乏足够系统性的路线观察资料，将很难对区域地质特征得出完整的认识。

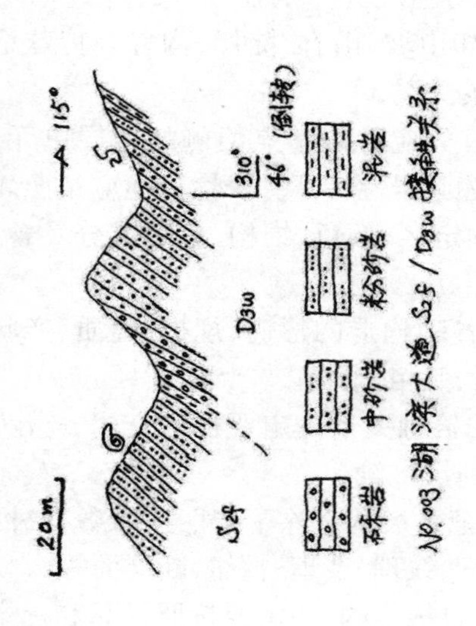

图 8.3　地质观察点的记录格式

点间观察记录就是在详细观察和描述完一个地质点后，沿路线向下一个观察点连续进行的观察记录。点间观察记录的内容也应系统全面，对所有观察到的地质现象要加以记录。对重复出现的地层岩性也必须描述，不得用“同前”“同上”表述。可重点描述其差异。当在点间观察到地层界线、岩体、矿体或矿化、构造现象时，如果距上点距离较近，可不定点，但应标明其点间位置，并作详细描述，描述内容与点上的描述相同；如果距上点距离较远，虽然还不到正常定点的距离，也可提前定点，并按地质观测点来加以观察描述。

8.4.3　野外观察记录要求

（1）野外观察记录中，要求对野外观察点和观察路线上所见到的全部客观地质现象都要进行仔细全面地观测记录，不得轻易放过任何一种地质现象，包括最普通的地质现象。

（2）野外观察的文字记录要注意措辞准确、充实，避免语言含糊、词不达意等问题。描述要层次分明，重点突出。对重要地质现象或首次观察到的现象要详细记录，表达其特征；对一般或多次见到的地质现象描述可简略一些，重点记录其出现的特殊性或变化情况。

(3) 在野外地质记录中，除文字描述外，还必须绘制路线地质剖面图和各种地质素描图，使记录内容丰富多彩，图文并茂，相互印证。对重要的地质路线，一定要画路线信手剖面。它的精度虽不高，但可直观全面地反映整个路线上地层发育、褶皱、断裂、岩体等地质体在空间上的特征及其相互关系。

(4) 观察和描述记录应在野外现场进行，不得依靠自己的记忆力，等离开现场再找合适的场合或回到室内补写。

(5) 野外地质记录一律用铅笔。记录出错时可用铅笔划掉重写，不能用橡皮擦掉。

(6) 对掌图者，在野外应将所有观察记录的地质现象内容用铅笔按填图规范标注在手图上，完成路线地质图，即观测路线的平面图。

(7) 作野外路线观察时，对重要的地质现象要进行地质摄影。地质摄影获得的照片比地质素描更真实准确，也是地质记录的重要手段。

(8) 野外标本及样品的采集要求。标本及样品的采集主要应集中在系统的剖面上，部分安排在地质路线上。

8.4.4　野外资料的整理

野外阶段资料整理的任务是把观察搜集到的各种实际资料进行日常综合整理，不断加以系统化、条理化，从整理中及时总结、逐步认识区域地质规律，并及时发现问题，现场予以解决，以便使后续调查工作顺利进行。

野外阶段的资料整理工作可按具体工作性质和工作时间周期分为当日、数日观测资料的整理和一条路线或一条剖面资料的整理两种情况进行。

当日、数日资料的整理是指每天或数日所收集文字、图件资料的整理和实物资料的整理两个部分。所有地质路线的记录本、手图都要在当日、次日或近日内进行检查、着墨等整理工作。文字和图件资料的整理工作包括：

(1) 检查记录是否系统、连续和全面，各种地质体、矿化体构造要素的产状及各种参数是否完整。一般是跑两天路线，整理一天资料。要求对记录本、手图和航片三者资料进行核对检查，包括自检时间、检查内容、发现的问题、整改结果、检查人签名等内容。

(2) 在检查核对无误后，对记录本上记录的重要数据(如点位、产状等)、素描图、路线信手剖面等进行着墨；对手图上的地质路线、地质点及地质界线、地层代号、岩石花纹、样品标本位置等统统着墨；对航片从正面刺点，然后在反面参照手图的标绘方法着墨标绘。

(3) 各种必需的样品是否采集。各类实物标本和各类分析测试鉴定样品的分类包装和登记，清点数量并检查采集编号的正确性。

(4) 及时作好当天地质路线小结。小结内容主要突出新进展、新认识或新发现以及存在的问题，并阐明与相邻路线连绘的看法。若发现有重大遗留问题应及时组织力量进行复查，对遗留问题进行复查后，应将复查结果加注到原路线记录中的相应位置，并注明检查人姓名、检查日期。

8.4.5 地质调查研究

在地质填图过程之中，还可做些专门性的地质调查研究，如地层的划分与对比、地层接触关系、地质构造、矿床地质、沉积环境、水文地质、工程地质、地形地貌等专题研究，内容详见第12章。

8.5 水文地质填图方法

8.5.1 概述

水文地质填图是认识一个地区水文地质条件的第一步，也是全部水文地质工作的基础。按一定精度(比例尺)要求，对水文地质现象进行野外观察、测量、描述，并将它们绘制成图件，总结出水文地质规律。也就是在搞清地质条件的基础上，对地下水的形成条件、赋存状态与运动规律进行研究。其目的就是为地区规划或专门性生产建设提供水文地质依据。

水文地质填图通常在相同比例尺的地质图上填绘水文地质信息，若没有地质底图，则要同时进行地质图、水文地质图的填图，即为综合性地质—水文地质填图，所用的地形底图比例尺，一般要求比最终成果图的比例尺大一倍。

按其目的、任务和调查方法的特点可分为：区域性水文地质调查和专门性水文地质调查，前者比例尺一般小于1∶10万，后者比例尺一般大于1∶5万。

1. 水文地质填图的主要任务

(1) 实习区内地下水的基本类型及各类型地下水的分布状态、相互联系情况。

(2) 实习区内的主要含水层、含水带及其埋藏条件，隔水层的特征与分布。

(3) 地下水的补给、径流、排泄条件。

(4) 概略评价各含水层的富水性、区域地下水资源量和水化学特征及其动态的变化规律。

(5) 各种构造的水文地质特征。

(6) 论证与地下水有关的环境地质问题。

2. 水文地质填图的主要内容

(1) 基岩地质调查。

(2) 地貌及第四纪地质调查。

(3) 地下水露头的调查。

(4) 地表水体的调查。

(5) 地表植物(即地下水的指示植物)的调查。

(6) 与地下水有关的环境地质状况调查。

8.5.2　水文地质填图工作的阶段划分

水文地质填图工作包括三个阶段:准备工作阶段、野外工作阶段和室内工作阶段。按工作内容包括填图前准备工作、地质踏勘和水文地质点的调查、典型剖面测量、地质填绘和水文地质信息填绘及报告编写。

1. 准备工作阶段

准备工作阶段是保证野外工作顺利进行的重要前提和必要步骤,它直接关系到野外工作的质量和工作效率,甚至影响整个填图工作的成败,必须予以足够的重视。准备阶段的主要任务是:

(1) 收集资料:全面收集本区和邻区的以往资料,包括自然地理、地貌、地质及水文地质资料,以便了解本区和邻区以往地质及水文地质调查研究的历史和详细程度及存在的地质问题。

在准备阶段,还应了解本区的地形、气候、交通、居民点分布、民族风俗习惯、劳动力和经济发展情况。

(2) 野外初步踏勘:在对收集来的资料进行了详细阅读、分析、研究和整理,对本实习区的地质情况有了初步了解的基础上,通过野外初步踏勘核实已有资料的可靠程度,同时确定野外水文地质调查的路线。

2. 野外工作阶段

野外工作阶段是水文地质填图实习最主要的阶段。通过对每一个地质点和水文地质点的观测、记录,可以详细地收集各种地质、水文地质实际资料,为编制水文地质图件收集资料。具体方法同区域地质调查方法,侧重于水文地质信息的调查。

3. 室内工作阶段

野外工作全部结束后,便要转入室内进行最终成果的整理。这一阶段的工作是整理、分析所得资料,由感性认识提升到理性认识,编写出高质量报告的关键时期,具有重要意义,必须充分重视。

8.5.3　水文地质填图的内容及要求

水文地质填图是在地质调查的基础上,重点进行相关水文地质点的调查,包括地下水的天然露头及人工露头，如泉、沼泽和湿地、水井、钻孔、井巷及探坑等。此外，对岩溶地区的落水洞、地下河出口、天窗等，也应进行调查。地质研究内容及要求具体见地质填图。

1. 泉的调查

泉是地下水的天然露头，是最基本的水文地质点。在野外遇到泉时，不仅要将其填绘在图上，而且应对它进行详细的调查研究。通过泉的调查为区域岩层富水性评判提供依据，也为地下水资源的利用提供技术资料。

泉的调查研究内容，主要有以下几点：

(1) 泉出露的地形特点，需说明出露在何种地形单元及何种位置上，在可能的情况下还要作剖面图。

(2) 泉的出露高程，并指出泉与附近河水面或谷底的相对高度。

(3) 泉出露口的特点是：集中一股水或几股水；呈线状出露或呈微微湿润的沼泽状态；水是否冒涌，有否气泡涌出；泉出露口有否沉淀物和其沉淀的情况等。

(4) 泉出露口附近的地质情况，当泉的出露处有基岩出露时，不仅应对基岩进行观测描述，而且应观测泉水是从何种地层中流出，或与何种构造现象有关。当泉水从新生界松散沉积物流出时，应注意判断它的补给来源，必要时应清除表土，揭露补给泉水的含水层。为便于分桥，一般要求绘出泉附近的示意平面图和素描图。

(5) 在大比例尺测绘工作或以研究泉为目的的专门水文地质测绘中，对每个泉都要测量其流量。

(6) 研究泉水的物理性质和化学成分，对于具有代表性的泉水要取样进行化学分析，了解其化学成分。

(7) 研究泉流量一年四季的变化情况，最大、最小流量出现时间，有无断流；当地的雨季和旱季出现的时间，雨后泉水量变化的情况，水色是否变浊；泉水的温度变化，冬季是否冻结、冒气；水味的变化等。如泉水已被利用，则应了解装置情况、卫生条件、使用状况等。

(8) 对于人工挖泉，应了解其挖掘位置、深度、泉水出露的高程和地形条件、水量大小等。

(9) 如遇矿泉，除必须调查上述内容外，还必须研究矿泉的水温、化学成分构造条件，同时还要了解矿泉的医疗价值或有害影响。

2. 岩溶水点(包括地下河)的调查

(1) 观测水点的地面标高及所处地貌单元的位置及特征，水点出露的地层层位、岩性、产状，构造与岩溶发育的关系，结构面的产状及其力学性质等。

(2) 观测水点的水位标高和埋深、水的物理性质，取水样并记录气温、水温；观测溶洞内水流的流向和流速,洞内瀑布的成因和落差,地下湖或地下河的规模,以及水生动物的活动情况。对有意义水点应实测水文地质剖面图或洞穴水水文地质图,并素描或照相。

(3) 对每个岩溶水点,都要力求弄清其与邻近水点及整个地下水系的关系,必要时需进行追索或进行连通试验,搞清地下水的来龙去脉。岩溶水点的动态观测工作应在野外调查过程中及早安排,尽可能获得较长时间和较完整的资料。

3. 水井、钻孔的调查

如果实习区井或钻孔,也可以依靠井(钻孔)来研究地下水。研究内容和方法与泉相似。

4. 地表水体、地表塌陷的调查

地表水与地下水之间常存在相互补给和排泄的关系。地表水系的发育程度,又常能说明一个地区岩石的含水情况。长期缺乏降水的枯水季节,河流的流量实际上与地下水径流量相等。在无支流的情况下,河流下游流量的增加、浑浊的河水中出现清流、封冻河流局部融冻地段等,都说明有地下水补给河流;反之,河流流量突然变小乃至消失,表明河水补给了地下水。为了查明上述情况,除收集已有的水文资料之外,还要对区内大的河流、湖泊进行观测,同时要了解河流、湖泊水位、流量及其季节性变化与井水、泉水之间的相互关系。

8.5.4　野外水文地质填图

野外水文地质填图的工作方法同地质填图,在野外踏勘和地层剖面实测的基础上,对实习区的地层和构造有较全面的认识,确定填图单位之后,就可以按照所划分的填图小组,开始野外水文地质填图。

水文地质填图不仅要求对填图范围内所选定的地质路线和地质点进行全面的观察描述,搜集实习区的各种地质信息,更重要的是要进行相关水文地质信息观察描述,全面搜集各种水文地质信息。

8.5.5　主要图件绘制与实习报告编写

1. 主要图件绘制

实测地层剖面图:实测地层剖面图的绘制方法同地质填图。

水文地质柱状图:在地层柱状图的基础之上,对含水层组进行染色区别,染色用标准图例,并与水文地质图相一致。此外,还需描述各含水层组的岩性、富水性,在岩溶地区,还需简要描述岩溶发育的状况等。

水文地质图:水文地质图的内容,除反映各种地质界线外,还要反映必要的地貌单元界线,并标出具代表性的地下水点,表示出岩石的富水性、地下水类型、含水层的埋藏条件和地下水流场特点,以及水化学特征等。成果图既是一张综合性的水文地质图,也可以由一系列地下水单项要素图件组成。

综合性的水文地质图,以地形图为底图,将野外观察到的地质及水文地质现象填绘到地形图上。

2. 水文地质实习报告编写

水文地质填图实习报告内容除了包括地质填图实习报告中的实习区概况、自然地理、地质条件、主要收获、结语与建议等相关内容外,还要重点编写水文地质条件的内容:

(1) 汇水条件分析:大气降雨特征,地表水系的类型、分布、产汇流作用,地表侵蚀作用,地表水对地下水的影响,地表水的开发与利用。

(2) 含水岩组:含水岩组划分,各含水岩组的厚度、岩性组合、分布面积,地下水的类型及赋存条件,各含水岩组的富水程度、出露和补给条件等。

(3) 隔水层:隔水层划分,隔水层的厚度、岩性组合、阻水能力、分布面积等。

(4) 地下水的补、径、排条件:地下水的补给来源,地下水径流方向及强度,地下水的排泄形式,地下水动态规律,地下水的开发利用程度等。

(5) 岩溶水点:岩溶水点出露的地貌单元位置及特征,水点出露的地层位置、岩性,岩溶水的物理性质,与附近水点及整个地下水系的关系等,对有意义的水点实测剖面或洞穴水水文地质图,并进行素描或照相。

(6) 泉点:泉的位置,地形特点,出露高程及特点,地质成因及类型,泉水的物理化学成分,泉流量及动态规律,对人工挖泉应了解挖掘位置、深度、出露高程和地形条件等。

(7) 水井、钻孔:水井和钻孔的位置、深度,所开采的含水层段,水井和钻孔的结构、使用年限和用途,水井和钻孔中的地下水的物理化学性质,水井和钻孔的出水量,并根据出水量初步评价含水层的富水性。

(8) 工程地质、环境地质现象:对由地表水和地下水可能引起的工程地质、环境地质现象进行描述和测量,如滑坡、岩溶及地面塌陷等,辅助调查实习区地下水的形成规律,必要时绘制素描图。

第 9 章　第四纪地貌研究方法

9.1　地貌的观察和研究

9.1.1　地貌观察和研究的主要内容

(1) 观察地貌的几何形态(如扇形、三角形、锥形等)、规模(面积、长度、宽度)、空间分布及切割程度等。

(2) 测量地貌形态的相对高度和地形坡面。

(3) 分析地貌的成因类型。堆积地貌分析沉积物的成因和时代、地貌形态、地貌组合等;剥蚀地貌分析形态特征与动力作用、地质构造和岩性的关系。

(4) 单体地貌形态和组合地貌形态观察和描述,确定不同地貌形成顺序。

(5) 调查地貌景观资源和地貌地质灾害。

9.1.2　地貌观察和研究的基本要求

(1) 查明地貌的年代及区域地貌发展史。

(2) 查明地貌的区域分布规律,进行地貌分区。

(3) 查明地貌形态与岩性、构造、气候的关系。

(4) 查明气候变化、新构造运动和人类活动与地貌发育、变化的关系。

9.2　沉积物性质观察和研究

9.2.1　地层剖面的观察和研究

(1) 剖面中各层的厚度变化情况。

(2) 沉积物的颜色(原生色和次生色)。

(3) 岩性(砾石层、砂和土状堆积物、有机沉积物、化学沉积物)。

(4) 结构和构造(层面和层间构造,上下层接触关系,颗粒排列及其外表特征等)。

(5) 厚度测量。

(6) 与基岩的接触关系。

(7) 特殊地质现象(矿、化石、文化遗迹、火山灰、化学沉积、泥炭、古土壤等)。

(8) 确定堆积物的形成环境和相对年龄。

(9) 采集标本和分析、鉴定样品。

(10) 摄影和素描。

9.2.2 沉积物的观察和描述

1. 观察和描述内容

(1) 沉积物颗粒成分。

(2) 粒度特征(粒径及岩性分类、粒级组成等)。

(3) 颜色(原生色、次生色、干色、湿色)。

(4) 结构构造(原生构造和次生构造)。

(5) 胶结方式和固结程度。

2. 岩性定名

第四纪沉积物的定名,主要根据碎屑沉积物粒级划分,如表 9.1 所示,和按粒度成分的碎屑沉积物分类,如表 9.2 所示。

表 9.1 碎屑沉积物粒级划分

粒径(mm)	>1000	200～1000	20～200	2～20	0.5～2	0.25～0.5	0.1～0.25	0.05～0.1	0.005～0.05	<0.005
粒组	巨砾	大砾	中砾	细砾	粗砂	中砂	细砂	极细砂	粉砂	黏土
	砾				砂					

表 9.2 按粒度成分的碎屑沉积物分类

	砾石层	砂层	亚砂土层	亚黏土层	黏土层
砾粒	>10%			<10%	
黏粒		<3%	3%～10%	10%～30%	>30%

9.2.3 砾石层的观察和描述

1. 观察和描述的内容

(1) 砾性:砾石的岩性成分。

(2) 砾径:分别记录最大砾径和平均砾径,并用百分比估计比例。

(3) 砾向:砾石 ab 面的倾向和倾角,定向性程度等。

(4) 砾态:包括球度(砾石长轴 a、中轴 b、短轴 c 的差异程度)和磨圆度。

(5) 表面特征:光滑程度,有无擦痕及擦痕的特征等。

(6) 风化程度:分未风化、弱风化、中等风化、强风化和全风化。

(7) 充填物(或胶结物)和固结程度:指出胶结物成分(如砂、黏土、钙质、铁质等);胶结物与砾石层之间量的对比关系;沉积结构(如颗粒支撑组构、基质支撑组构等);胶结程度(松散、微固结、半成岩和成岩)等。

2. 砾石统计和测量

对具有特殊意义的砾石，要进行测量和统计，如表9.3所示。

表9.3　砾石测量记录表

时间　　　　　　　　地点　　　　　　测量人

编号	砾石成分	各轴长度			扁平面产状		磨圆度					风化程度				其他特征
		长轴(a)	中轴(b)	短轴(c)	倾向	倾角	0	Ⅰ	Ⅱ	Ⅲ	Ⅳ	未	弱	中	强	

9.2.4　土状堆积物的观察和描述

观察分析岩性的可塑性、坚硬程度、土层的风化程度(如古风化壳和古土壤层)，并对第四纪土状堆积物进行鉴定和划分，如表9.4所示。

表9.4　砂土状沉积鉴定特征表

陆相沉积名称	肉眼观察或放大镜观察情况	干土性质	湿土性质	颗粒含量		与海相沉积相应的名称
				＜0.01 mm	＜0.002 mm	
砾石	2 mm颗粒含量大于50%	碎裂		5%	＜2%	
砂土	几乎全部为大于0.25 mm的颗粒	松散的	在湿度不大时具有明显的黏浆性，过度潮湿时即处于流动状态			砂
黏土质砂	几乎全部为大于0.25 mm的颗粒组成，少数为黏土	松散的		5%～10%		淤泥质砂
亚砂土	大于0.25 mm的颗粒占大多数，其余为黏土	用手掌压或掷于板上，易压碎	非塑性。不能搓成细条。球面形成裂纹破碎	10%～30%	2%～10%	砂质淤泥
亚黏土	占多数的黏土颗粒中，偶见大于0.25 mm的颗粒	用锤击或用手压，土块易碎	有塑性。不能搓成细长条，弯折时断裂，可以捏成球形	30%～50%	10%～30%	淤泥

续表

陆相沉积名称	肉眼观察或放大镜观察情况	干土性质	湿土性质	颗粒含量(%)		与海相沉积相应的名称
				<0.01 mm	<0.002 mm	
黏土	同类细黏土，不含大于0.25 mm的颗粒	硬土不易被锤击成粉末	可塑性。有黏性和滑感，易搓成直径小于1 mm细长条而不断，易搓成球状	>50%	>30%	黏土质淤泥

9.2.5　第四纪沉积物成因观察和研究

在上述观察分析的基础上，进行第四纪沉积物成因的综合研究，如表9.5所示(据王道轩等，2005)。

表9.5　确定堆积物成因类型的主要标志

成因标志		残积物	坡积物	洪积物	冲积物	湖积物	沼泽沉积
沉积学标志	粒度成分	变化较大，细粒为主	细粒为主	砂、砾及黏质砂土为主	砾石、砂、黏质砂土、砂质黏土	细粒为主有砾石、砂	细粒为主
	产状	零乱	与山坡坡面基本一致	不规则	a轴与流向一致，ab面倾向上游呈叠瓦状排列	规则	规则
	磨圆	棱角状为主	棱角、次棱角状	次棱、次圆	次圆、圆	次圆、圆	
	表面特征	表面粗糙，不规则	有时见浅而凌乱的擦痕	有模糊凌乱擦痕	表面光滑	圆形，表面光滑	
	构造	发育完全时可分层	多次堆积，可分层，层与坡	具多层结构，交错层，透镜体	二元结构，斜交层，透镜	水平层理，斜层理	水平层理
	粒径及变化	分选较好，剖面下粗上细	从坡顶向坡麓变细	从山沟口向外缘逐渐变细	分选较好，剖面下粗上细	向湖心变细，分选好	均匀

续表

成因标志		残积物	坡积物	洪积物	冲积物	湖积物	沼泽沉积
沉积学标志	岩矿成分	同下伏基岩，可能有次生变化	与坡顶基岩相同，不稳定矿物能保存	成分较复杂	成分复杂，不稳定	复杂性取决于湖岸基岩及入湖河流	黏土矿物有机质十分丰富
	地层界线	不很清楚，不平整	与冲积物、洪积物、冰碛物等界限清楚	清楚	清晰，明显，比较平整	明显清晰	明显
地貌学标志	堆积物的部位	分水岭等平坦地区	山坡下段	沟口、山口地形骤变处	河谷、冲积平原	湖盆湖滨	平原高原
	堆积地貌		坡积锥、坡积裙	洪积扇、洪积裙、洪积平原	阶地，河漫滩，沙洲砂堤，冲积平原	湖积堤，湖积平原	沼泽平原
	分布形状	片状	锥状组合成环状带	扇形组合成面状带状	长条形为主，面状	块状	块状，带状
环境标志	古生物方面		古土壤、动植物化石、孢粉	孢粉、动植物化石	泥炭、动植物化石、孢粉	淡水动物化石、水生植物残骸	大量孢粉和植物残骸、水生生物
	气候方面	各种气候带，以热带、亚热带最发育	温湿气候	干旱及半干旱为主	潮湿气候	湿润气候	各种气候条件

9.3 新构造运动的观察和研究

9.3.1 地貌标志的观察和描述

1. 河谷地貌观察的主要内容

(1) 河流阶地观察内容主要包括:河流阶地的级次、高程(阶面和基座面的海拔高程)、类型(侵蚀、基座、嵌入、内叠、上叠、掩埋)、时代;河流阶地的横剖面图和河谷纵剖面图。

(2) 河床(冲沟)地貌观察内容主要包括:岩性特征、构造特征和微地貌特征;河床物质组成(基岩岩性的类型、松散层的粒度与厚度)。

(3) 谷坡形态观察内容主要包括:谷中谷地貌(各种谷肩的海拔高程、岩性组成等);河流侵蚀凹槽;悬挂倒石锥和悬挂坡积物。

2. 洪积扇形态及组合地貌观察的主要内容

(1) 洪积扇单体形态及变形。

(2) 山前不同冲沟洪积扇形态及变形共性与个性。

(3) 洪积扇组合形态,不同时期洪积扇的空间组合关系。

(4) 洪积扇扇顶位置的变化及规律性分布。

3. 岩溶地貌观察的主要内容

(1) 产状洞穴分布及其高度。

(2) 古岩溶地貌组合的层状分布。

(3) 同期同类型岩溶地貌的不同高度。

(4) 形成时代。

4. 夷平面

(1) 夷平面存在的证据(地貌证据、沉积证据等)。

(2) 夷平面的高度和级次划分。

(3) 夷平面的变形和变位特征。

(4) 夷平面的形成时代(年代法、沉积相关法、宇宙核元素法)。

9.3.2 水系标志的观察和描述

(1) 水系不正常的绕流或汇流。

(2) 多条水系的同步突然转弯。

(3) 分流点或汇流点异常线性分布。

(4) 水系或冲沟突然中止、错开。

(5) 河流袭夺、古河道的废弃或河流的突然转向等。

9.3.3　地质标志的观察和描述

（1）古近纪以来沉积物的粒度、形态变化规律，重点是不同砾石层的分布层位与形成时代。

（2）古近纪以来沉积物的成分、厚度和沉积速率的变化。

（3）古近纪以来沉积物的成因变化，尤其是由湖相到山麓冲洪积相的变化的层位与时代变化。

（4）新近纪以来地层的变形与变位。

（5）古近纪以来的断层的规模几何学、运动学特点、力学性质、活动期次和最新活动年代。

9.3.4　第四纪地质事件的调查研究

第四纪地质事件与人类生态环境的关系极为密切，同时第四纪地质事件极为复杂，应重点从以下几个方面对第四纪地质事件进行调查和研究。

（1）构造事件：古地震事件、火山喷发事件等。

（2）天体事件：陨石、陨石玻璃等。

（3）气候事件：短暂的、极端的热、冷、干、湿气候，如洪灾、风沙层等。

（4）重力事件：崩塌、滑坡、泥石流等。

在对第四纪地质事件调查和研究的过程中，要求查明各种地质事件的地质背景、发生年代、发生规律，以及对地球生态环境的影响程度。

9.3.5　巢湖实习区新构造活动特征

实习区位于扬子陆块的东北部，由于构造上的稳定性，只有幅度不大的、大范围的升降运动，伴生一些高角度的断裂，在地貌上主要出现宽阔的舒缓褶皱和断块山地。但是，由于本区受多期构造运动的影响，特别是郯庐断裂带的控制，原先舒缓的褶皱被挤压形成紧密的线性褶皱。

实习区新构造运动表现为大面积的整体抬升，并具有间歇性，主要表现在多级阶地的形成、深切河谷、地下溶洞和暗河出露于地表，并可见高度不等的台阶以及古近纪和部分第四纪地层缺失等几个方面。因此，实习区新构造运动的主要特点：总体上为缓慢上升和轻微下降的交替运动，一般缺失古近系和新近系，第四纪地层沉积厚度也不大，一般在几十米左右。

第 10 章　数字地质填图方法简介

10.1　数字填图技术基础

数字填图技术(Digital Mapping Techniques)是在区域地质调查中,应用 GIS(地理信息系统)、GPS(全球卫星定位系统)、RS(遥感)技术对野外地质调查所获取的各种地质成果进行数字化处理并存储的技术。开展地质填图数据采集与制图技术研究,以实现地质调查数据获取全过程的信息化,是地质填图工作的普遍趋势。

从 2004 年开始,凡是中国地质调查局完成的区域地质调查任务,都要求采用数字填图技术。数字填图技术的应用,一方面使传统的区域地质调查工作方法发生了改变,数字填图所取得的成果资料及表现形式更加丰富;另一方面,在应用数字填图技术开展地质填图时,数字地质填图的实质仍然是以翔实的野外地质观察、研究为基础,取全、取准各项地质观测数据。为了确保地质填图工作质量,区域地质调查的精度以及地质体、填图单位的控制程度等仍按相应的区域地质调查技术要求进行。

10.1.1　数字填图技术装备

数字填图系统是依照一定的任务和相应的规范要求,在计算机软硬件支持下,对某地区基础地质信息空间位置和属性特征的获取、存储、检索、分析、管理与再现的计算机系统。完整的数字填图系统应由以下几个部分组成,如图 10.1 所示。

野外数据采集器:含 GPS,用于野外地质填图和实测剖面等使用,包括掌上机和平板电脑。

数据存储介质:CF 卡(含适配器),用于掌上机和便携式电脑的存储连接。

笔记本电脑:适合野外基站操作的电脑。

数码相机、数码摄像机:采集野外资料并以数字资料存入资料库。

计算机软件:包括系统软件、地理信息系统基础平台及数字填图软件。

此外,数字填图系统还包括台式电脑、移动硬盘、打印机、扫描仪等相关设施。

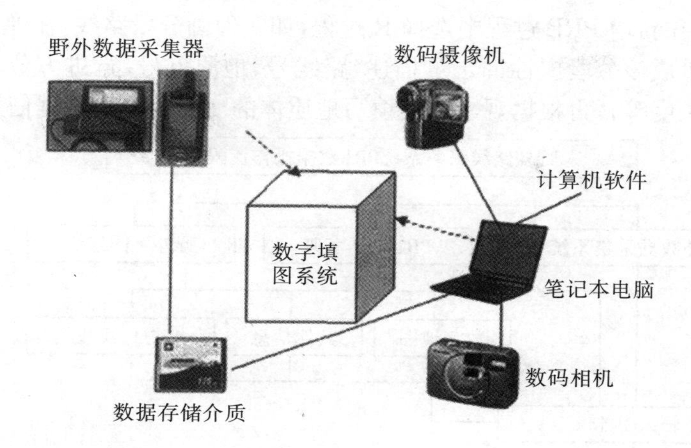

图10.1　数字填图系统处理器及设备

10.1.2　野外数据采集模型

野外数据采集模型是把野外地质观测路线过程，用实体点—地质点(POINT)、网链—分段路线(ROUTING)、全链或几何拓扑环—点和点间界线(BOUNDARY)的数据模型和组织方式，对野外路线观测的对象及其过程的描述进行定义、分类、聚合和归纳，分层并结构化与非结构化相结合的储存在空间数据库中，即根据传统地质路线调查的基本规律，由地质点观测→点间描述→界线标绘来建立数字填图PRB过程及其相应的PRB数据模型，使野外路线观测描述的地质现象的复杂过程及其本身观测的过程变为数字PRB过程，具体的操作流程如图10.2所示。

1. P过程(POINT)

P过程是对点空间实体进行全面的观察、分析和数字化记录，对采集的PRB原始数据进行系统和规范化编录，使文图数据与实地位置相吻合的全过程。

操作方法：首先启动GPS自动搜索观察点在地形图上的位置，根据微地形评估GPS点位准确无误后，在新增PRB过程中选择P过程如实定点添加在准确位置。在弹出的实体属性表内，利用结构化字典分别填写属性表列出的各项内容。最后在自由文本框中调用补缺填空式字典，根据实地地质情况进行修改、补充和完善描述内容。

2. R过程(ROUTING)

R过程是对两个P过程之间分段路线上的地层层序、岩性、产状、接触关系等地质现象的连续观察、连续记录、连续填图的过程。

操作方法：在新增PRB过程中选择R过程，如实勾画分段路线，在弹出的实体属性表内自动生成该分段属性的定量描述（路线号、地质点号、行进方位、距离、路线长度和累计长度等），再根据观察如实填写地质体的变化情况等数据信息。

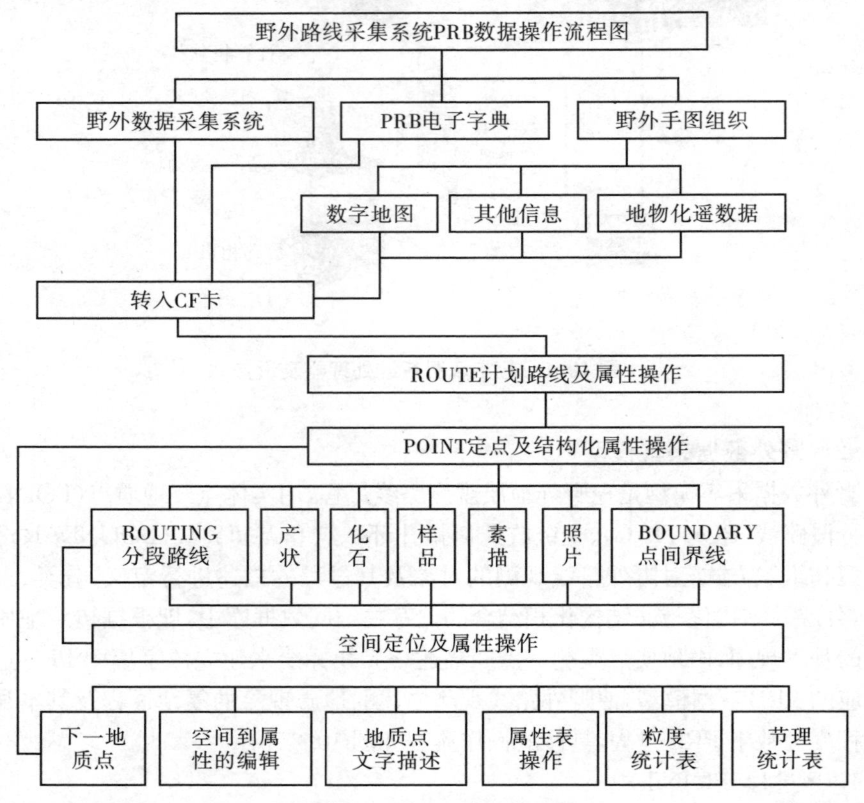

图 10.2　PRB数据操作流程图

3．B过程(BOUNDARY)

B过程是对地质点上或两个分段路线间的地质界线进行定义、标定和描述的过程。

操作方法：在新增PRB过程中选择B过程，在弹出的实体属性表内如实填写所观测地质内容。

地质点P过程是PRB过程的核心，分段路线ROUTING过程、点间界线B过程必须隶属P过程。一个P过程可以有1个至n个R过程，0个至n个B过程。一个R过程可以有0个或1个以上的B过程。

10.1.3　数字填图软件系统简介

数字填图系统(RGMAP)的应用为区域地质调查增添了一种全新的方法和媒介。利用RGMAP数字填图技术实现了从野外数据采集,室内数据处理及最后资料提交的信息化和标准化,并在实际应用中取得了良好的应用效果。2005年,中国地质调查局已在国内全面推广使用RGMAP V2.5数字填图系统,使其成为中国数字区域地质调查的主要技术系统。

RGMAP由野外数据采集、室内综合整理、地质图空间数据库建立等过程组成,包括多个子系统。

1. 室外部分

(1) 野外地质调查与填图掌上数据采集系统(RGMAP3850),在掌上机上实现野外数据的采集与存储,包括地质点、分段路线和界线的综合信息描述与记录。

(2) 野外地学剖面数据采集系统(RGSECTION),在野外实现各种剖面类数据的采集。

(3) 野外素描图系统(SKETCH),实现各种地质现象的素描。

2. 室内部分

(1) 数字填图桌面系统(RGMAPGIS),可以实现PRB过程的处理,包括野外数据的整理、数据建库、图件输出等功能,是RGMAP系统的室内整理的主体部分。

(2) 数字剖面系统(RGSECTIONGIS),可实现剖面的建立、剖面数据的计算、剖面柱状图和剖面平面图的自动绘制与输出。

(3) 数据岩石花纹库编辑系统(SECSIGEDIT),主要是对系统中岩石花纹进行编辑与处理。

10.2　GPS的使用

全球定位系统(Global Positioning System,GPS)是美国从20世纪70年代开始研制,历时20年,耗资200亿美元,于1994年全面建成,具有在海、陆、空进行全方位实时三维导航与定位能力的新一代卫星导航与定位系统。目前除美国的GPS外,还有欧盟的"伽利略"卫星定位系统、俄罗斯的"格洛纳斯"卫星定位系统以及我国的"北斗"卫星导航系统。

随着全球定位系统的不断改进,硬、软件的不断完善,应用领域正在不断开拓,目前已遍及国民经济各个部门,并开始逐步深入人们的日常生活。

GPS全球卫星定位系统主要由三部分组成,即空间部分、地面控制部分以及用户设备部分。下面以 GPS72 为例，介绍接收机的使用。

10.2.1 接收机结构及主要按键功能

GPS72 是一款新型的 12 通道 GPS 接收机，其结构如图 10.3 所示。

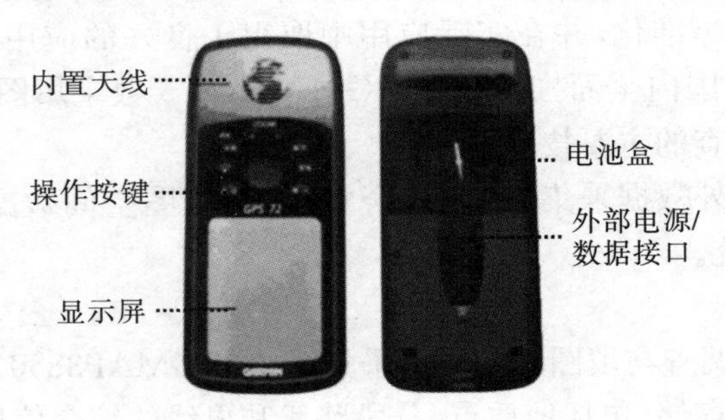

图 10.3 GPS72 接收机

主要的按键及其功能如下：

【电源】按住 2 秒钟开机或关机。按下即放开将打开调节亮度和对比度的窗口。

【翻页】循环显示 5 个主页面。

【缩放】在地图页面放大缩小显示的地图范围。

【导航】用于开始或停止导航。按住 2 秒钟，将会记录下当前位置，并立刻向这个位置导航。

【退出】反向循环显示 5 个主页面，或者终止某一操作退出到前一界面。

【输入】确认黑色光标所选择的选项功能。按住 2 秒钟将会存储当前位置。

【菜单】打开当前页面的选项菜单。连续按下两次将打开主菜单。

【方向】键盘中央的圆形按键，用于上下左右移动黑色光标或输入数据。

10.2.2 GPS72 的主要页面

GPS72 有 5 个主页面，分别是信息页面、地图页面、罗盘导航页面、公路导航页面和当前航线页面。按【翻页】或【退出】就可以正向或反向循环显示这些页面。

信息页面：显示当前导航数据，定位状态，GPS 卫星分布图，卫星信号强度，日期和时间以及坐标等信息，如图 10.4a 所示。

地图页面：显示导航数据行走轨迹，保存的航点等信息，还可以进行测量距离的操作，如图 10.4b 所示。

罗盘导航页面：可以显示导航数据，定位状态，以罗盘的形式表示当前的行进方向和目标方位等信息，如图 10.4c 所示。

公路导航页面：显示导航数据，定位状态，以公路的形式表示当前的行进方向与目标的关系等信息，如图 10.4d 所示。

当前航线页面：显示当前正在使用其导航的航线名称，航线上的各个航点，以及它们之间的距离、时间等信息，如图 10.4e 所示。

除上述 5 个主页面，连续两次按下【菜单】将打开主菜单页面，页面中包括了旅行计算机、航点、航线、航迹等各种信息以及接收机的各种设置。

任何一个页面，都有关于此页面的选项菜单，其中包括本页面的选项、设置或功能等内容，只要按下【菜单】就可以显示当前页面的选项菜单了。

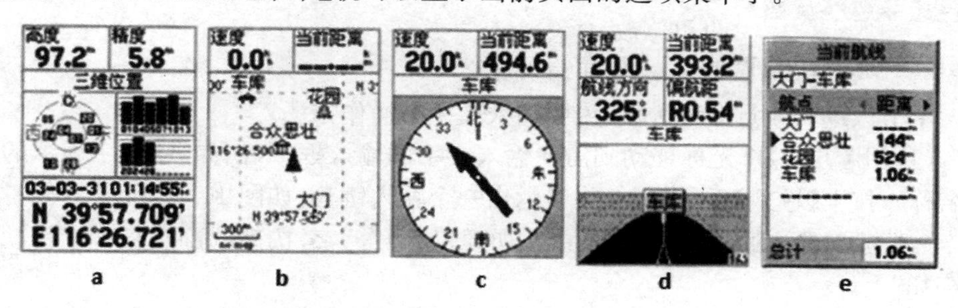

图 10.4　GPS72 主页面

10.2.3　基本操作

1. 开机

把接收机拿到室外开阔的地点，尽量将机器竖直放置，同时保证天线部分不受遮挡，并能够看到开阔的可视天空。按住红色的【电源】并保持至开机，屏幕首先显示开机欢迎页面，按下【翻页】后将进入 GPS 信息页面。当足够的卫星(一般需要三颗以上的卫星)被锁定时，接收机将计算出当前的位置。

第一次使用大约需要 2 分钟左右定位，以后将只需要 15～45 秒钟就可以定位。定位后，页面上部的状态栏中将显示“二维位置”或“三维位置”，页面下部将显示当前的坐标数值。

如果在进入 GPS 信息页面后，没有进行任何的按键操作，及其子定位后将自动切换到地图页面。

2. 调节屏幕亮度和对比度

如果周围的光线条件不好，可以打开背景光或调节对比度来改变显示效果。在任意页面中按一下【电源】，将出现调节显示的窗口。上下按动【方向】将打开或者关闭背景光；左右按动【方向】将调节显示的对比度。调节结束后，按一下【输入】确认，将关闭调节显示的窗口。如果不进行按键的操作，5 秒钟后该窗口自动关闭。

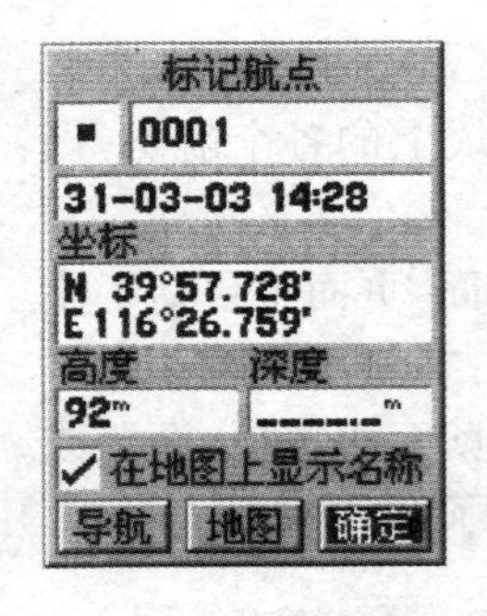

图 10.5　标记航点页面

3. 保存当前位置

GPS72 完成定位后，可以将当前页面中的位置坐标保存在机器中，这被称之为“航点”。具体的操作是：在任何页面中，只要按住【输入】2 秒钟，GPS72 都将立刻捕获当前位置，并显示“标记航点”页面，如图 10.5 所示。系统会从数字 0001 开始为航点分配一个默认的名称。此时，只需要按下【输入】，当前的位置就存储在机器中了 。航点的名称及属性也可修改。

4. 如何输入文字

本节以编辑航点名称为例，说明输入文字的操作方法。

(1) 用【方向】将光标移动到需要输入文字的输入框中(例如，以数字表示的航点名称)，按下【输入】后，屏幕上将显示出一个输入键盘，如图 10.6a 所示。

(2) 键盘默认的输入字符是拼音，如要输入“合”字，按动【方向】将光标移动到字符“h”上。

(3) 按下【输入】确认，键盘下方的黑色拼音显示框中将显示出一个“h”，同时键盘上方的文字显示框中会显示出相应的文字，如图 10.6b 所示。

(4) 用【方向】将光标移动到字符“e”字上，再按下【输入】确认，键盘中将显示出最常用的 6 个以“he”为拼音的文字，如图 10.6c 所示。

(5) 用【方向】将光标移动到“合”字上，再按下【输入】确认，这个字就会出现在相应的文字输入框中，如图 10.6d 所示。

(6) 如果键盘中出现的文字里没有你希望输入的字，可以用【方向】将光标移动到最右边的文字上，如还没有，再向右按动一次【方向】，直到用户想要的字出现在文字显示框中。用户也可以将光标移动到最左边的文字上，再向回查找已显示的文字，键盘右下角的“→”“←”就表示当前可以查找的方向。

(7) 如果选择键盘中的“后退”，将会从输入框中删除刚刚输入的“合”字；如果选择“空白”，将会在输入框中输入一个空格；如果选择“◀”或“▶”，将可以调整输入框中要输入文字的位置，如果选择“<”，将会删除最后输入的拼音字符；如果选择“确定”，将结束当前的输入操作。在选择以上几个功能后，需要按下【输入】确认方能生效。

(8) 如果需要输入英文字符或数字，可以按下【缩放】“＋”或“－”就可以将拼音键盘换成英文数字键盘，输入方法与上面输入文字一样，“Back”表示删除，“Space”表示输入空格，“Ok”表示结束输入的操作，如图 10.6e 所示。

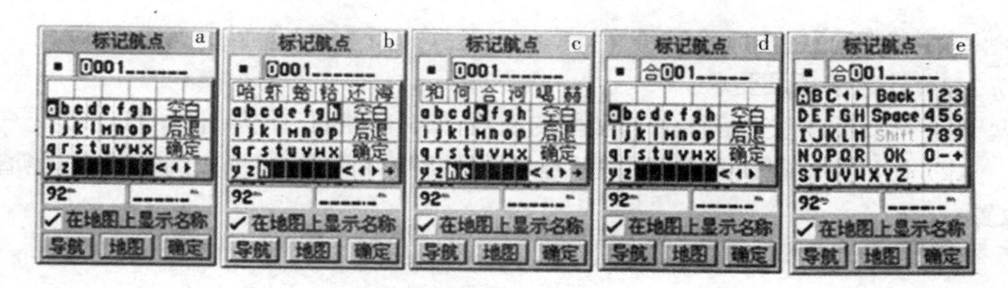

图 10.6　GPS72 的文字输入

5. 坐标设置

GPS 导航系统所提供的坐标是以 WGS84 坐标系为根据而建立的，我国目前应用的许多地图却属于北京 54 坐标系或西安 80 坐标系。如果不使用 WGS84 的经纬度坐标，必须进行坐标转换，输入相应的转换参数。

(1) 标位格式的设定(User Grid)(如图 10.7a 所示)

① 在主菜单页面中，选择“设置”，然后左右按动【方向】选择“坐标”子页面。

② 用【方向】将光标移动到“坐标格式”下的输入框中。

③ 按下【输入】打开坐标格式列表，上下移动【方向】选择“User UTM Grid”，并按下【输入】确认。

④ 在出现的“自定义坐标格式”页面中，输入相关的参数，如巢湖应输入“E 117°00.000′”；“投影比例”为比例参数，应输入“1.000 000 0”；“东西偏差”输入“500 000.0”；“南北偏差”输入“0.0”。

⑤ 用【方向】将光标移动到“存储”按钮上，并按下【输入】确认。

(2) 坐标系统的设定(如图 10.7b 所示)

① 在“坐标”设置子页面中用【方向】将光标移动到“坐标系统”下的输入框中。

② 按下【输入】打开坐标系统列表，上下移动【方向】选择“User”，并按下【输入】确认。

③ 在出现的“自定义坐标系统”页面中，输入相关的参数，包括 DX，DY，DZ，DA 和 DF。前三个参数因地区而异，后两个参数对于北京 54 坐标来说，DA=“−108”，DF=“0.000 000 5”，对于西安 80 坐标来说，DA=“−3”，DF=“0”。

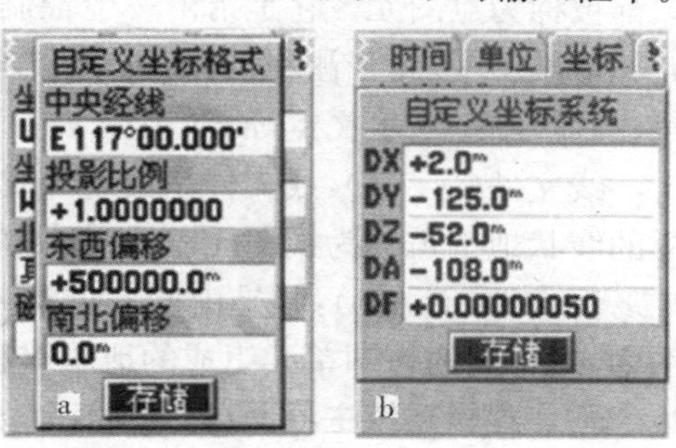

图 10.7　标位格式和坐标系统的设定

④ 用【方向】将光标移动到“存储”按钮上，并按下【输入】确认，完成修改。

10.2.4 注意事项及要求

(1) GPS72 在使用前要进行相关的设置，如时间格式、单位、坐标等。

(2) 使用接收机时尽量保证其上方天线部分不受遮挡，同时将接收机竖直放置。

(3) 接收机不用时应及时关机，以节约电池电量。

10.3 MAPGIS 成图方法简介

地理信息系统是以采集、存储、管理、描述、分析地球表面及空间和地理分布有关的数据的信息系统。它为地质学家提供了在计算机辅助下对地质、地理、地球物理、地球化学和遥感等多源地学进行综合分析和解释的有力工具。而且，由于 GIS 的交互式处理能力和快速可视化运算能力，通过反复尝试，使地质学家能比较容易地完善自己的知识模型。这是传统的工作方式无法实现的。因此，这是地质学家一直努力寻找的工具，是数字填图最自然的选择。

本章主要介绍在巢湖地质填图实习中，使用 MAPGIS 6.7 最基本的制图知识及相关事项。关于软件的具体使用，请参阅 MAPGIS 6.7 实用教程。

10.3.1 MAPGIS 的图形文件

对于图形的输入和编辑系统而言，MAPGIS 的图形文件可以分为点、线、面三类。

点文件(*.wt)：点文件包括文字注记、符号等。也就是说在数据输入时，文字注记、符号等存放到点文件中。其中，文字注记称为注释，符号称为子图，注释和子图都被称为点图元。它是指由一个控制点决定其位置，并且有确定形状的图形单元。地质图中，属于注释的有地层代号、产状、地名等；属于子图类型的有产状符号、地质观测点、水文点等。

线文件(*.wl)：线文件是由境界线、河流、航空线、海岸线等线状地物组成，这样的线状地物被称为线图元。地质图中，属于线文件的有地质界线、断层等。

区文件(*.wp)：区是由同一方向或首尾相连的弧段组成的封闭图形。地质图中，对不同的填图单元组成的地质体进行颜色填充时，需要进行区编辑。

10.3.2 编辑系统主界面

MAPGIS 图形编辑系统提供对点、线、面图元的空间数据和属性数据分别进行编辑的功能，MAPGIS 图形编辑系统的界面如图 10.8 所示。

窗口的左半部分称为工程编辑平台(简称左窗口)，右半部分称为图形编辑平台(简称右窗口)。

左窗口的主要作用是对工程中的文件进行管理;右窗口的主要作用则是对文件中的图元进行管理。

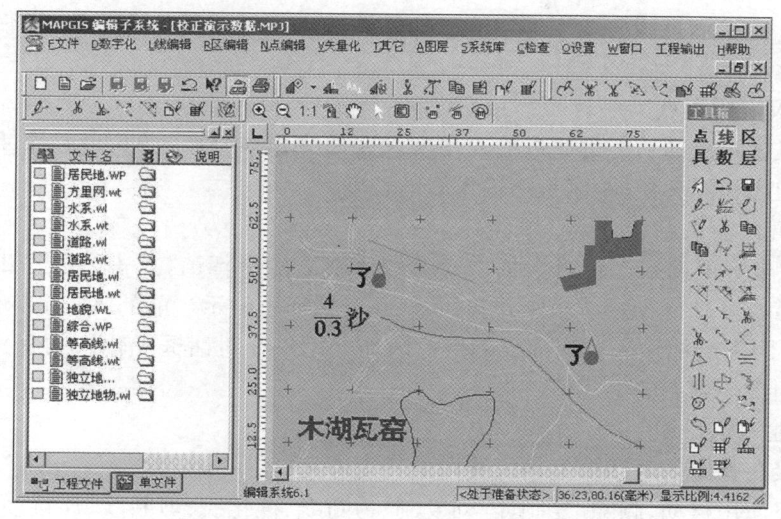

图 10.8　MAPGIS 编辑系统主界面

整个窗口上面的菜单则都是对文件中的图元进行操作的,菜单是否激活与右窗口是否激活紧密相关。

10.3.3　点文件的建立及编辑

新建点文件,并使其处于当前编辑状态。

(1) 分数注释,如"$\frac{5}{60}$",在注记对话框可以这样输入,如图 10.9a 所示。

(2) 角标注记,如"安徽理工大学$^{\text{地质工程}}_{\text{勘查技术与工程}}$实习基地",在注记对话框可以这样输入,如图 10.9b 所示。

可以使用阵列复制、点定位、对其坐标、剪断字串、连接字串、改变角度、点参数、根据注释赋属性、根据属性标注释等操作来修改点文件。

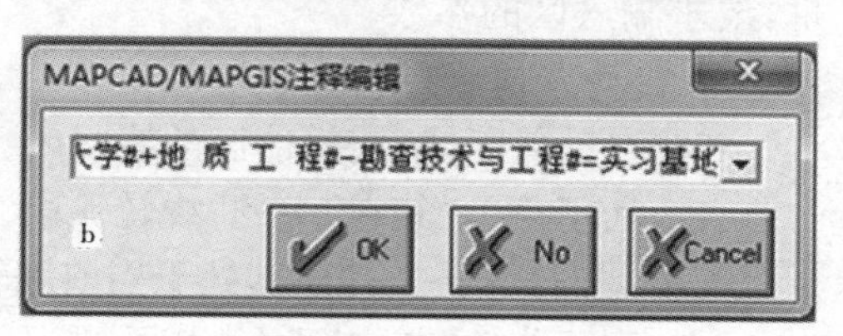

图 10.9　输入注释对话框

海量数据的输入可以利用投影变换系统中的"用户文件投影转换"功能使其直接转换成点文件即可。

10.3.4 线文件的建立及编辑

系统提供的输入线功能强大,应灵活运用。输入流线为拖动操作,输入折线是移动操作。按 F8 加点、F9 退点、F11 改向。在输入开始时,SHIFT 按下自动靠近线。按 F12 有捕捉线头线尾等功能。如需要输入定长或定位置线段,可使用解析造线功能。

1. 极坐标定点

极坐标定点的功能是通过输入角度和距离来定点,输入的角度是指垂线和逆时针方向之间的夹角;距离是指输入线的长度。

2. 键盘输入点

(1) 坐标值输入。在对话框中直接输入 XY 的坐标值,点击"加点"即可。如有输入错误可进行"退点"操作,同时系统在对话框里显示当前的 XY 坐标值。

(2) 距离交汇输入。当前点的坐标值加上用户在对话框里输入的 XY 的坐标值就是用户得到点的坐标值。

3. 输入定长线

直接在弹出的对话框里输入线段的长度即可。

可以使用移动、删除、复制、阵列复制、剪断线、钝化线、剪断线、连接线、延长缩短线、光滑线、旋转线、线上移点等功能对线文件进行编辑。

10.3.5 区文件的建立及编辑

输入区,通俗地说,就是普染色。它有两种方式,一种是用光标选择成区,称之为"手工方式"。另一种造区方式是通过"拓扑处理"自动生成区,称为"自动方式"。

1. 手工方式

(1) 对线进行编辑,使其封闭,常用的方法是结点平差等。

(2) 用光标连续选择组成区域的线图元或用光标选择一个包含全部线图元在内的区域,此时弧段变黄色。

(3) 选择输入区菜单项,然后用光标单击区的中央即可。同时系统弹出对话框,要求输入区的参数。

2. 自动方式

(1) 自动剪断线,使要造区的线封闭,删除不必要的线段。

(2) 利用菜单"其它"中的"线转弧段",将所有线段变成弧段,这个操作需要建立区文件,并打开区文件使其处于当前编辑状态。

(3) 利用菜单"其它"中的"拓扑错误检查"功能,主要检查弧段是否封闭,如不封闭,可根据提示利用结点平差使其闭合。

(4) 点菜单"其它"中的"拓扑重建",即完成了造区。

可以利用修改区属性或参数、合并区、分割区等功能对其区文件进行编辑。

10.3.6　计算机成图应注意的问题

利用计算机成图应注意以下几个问题:

(1) 建立自己的工作目录,把编辑的文件放入工作目录中,不要与系统文件或其他文件混在一起,以便于管理。

(2) 要充分利用图层管理,以便于后续编辑和调用。如把地形等高线放入图层1,地名、地物标志放入图层2,地层界线放入图层3等。也可以进一步细分,把不同方向的断裂放入不同图层、不同期次的岩浆岩放入不同图层。总之,图层分类越科学,对后续使用越方便、越有利。

(3) 规范图例。最好使用国标要求的线条、颜色和花纹。其中,颜色使用RGB(R为红色,0～255;G为绿色,0～255;B为蓝色,0～255)模型来定义。另外还有其他颜色模型,如CMYK[C为青色(Cyan),M为品红色(Magenta),Y为黄色(Yellow),K为黑色(Black)]、HSB[H为色度(Hue),S为饱和度(Saturation),B为亮度(Brightness)]等。对定义好的线条、花纹、颜色和图元记录在系统库文件之中,应做好备份。

(4) 界线处理要遵循"地质图制作"要求。同时对同一图层的图元要注意先后顺序,先画母区,后画子区,这样充填颜色后不至于发生遮盖。对于要充填的图元,每两个或两个以上线端员构成的结点最好不要相间,应相接或相交,再利用自动剪断线、节点平差、删除微短线、线转弧、拓扑重建,就可以充填颜色,如表10.1所示。

表10.1　地层代号及色谱

系	代号	色谱	系	代号	色谱
第四系	Q	淡黄色	石炭系	C	灰色
新近系 古近系	N、E	老黄色	泥盆系	D	咖啡色
白垩系	K	鲜绿色	志留系	S	果绿色
侏罗系	J	天蓝色	奥陶系	O	蓝绿色
三叠系	T	绛紫色	寒武系	Є	暗绿色
二叠系	P	淡棕色	震旦系	Z	绛棕色

下篇

巢湖地质填图实习的教学内容和要求

第11章　巢湖地质填图实习的路线地质

在室内准备阶段，通过阅读和研究前人的资料，虽然对工作区有了一个初步了解。但这种了解是间接的，缺乏感性认识，体会和认识自然不深刻。所以在进行野外工作阶段时，首先必须组织全体队员对全区作概略性的实地观察和了解，这就是路线地质观察的踏勘。

踏勘通常是沿着事先选定的路线进行的，所以又称为路线踏勘。为了在最短的时间里，走最短的路而看到最多的地质内容，踏勘路线必须大致垂直构造线走向（或地层走向）布置。路线数量视具体情况而定。一般要看工作区的全部典型地层剖面，了解该区所有地层、典型的构造、代表性的岩体、矿产等。

11.1　路线踏勘的目的和方法

11.1.1　踏勘的目的

1. 了解区域地质概况

基岩的分布和出露程度，覆盖物的类型和面积；主要地层的特征和填图单位的划分标志；各类地质体的主要特征，分布范围和接触关系；构造的主要类型、构造线方向、区域构造的复杂程度。

2. 了解区域矿产概况

区内矿产类型分布及找矿标志；各种采坑，探槽和钻孔的分布及特征；区域成矿条件及可能含矿的地质体的大致范围，初步确定进一步的找矿方向。

3. 了解区域自然、经济地理概况

山川形势及逾越程度；交通运输条件；气候变化的特征；居民点、厂矿的分布；工农业的物产等。

4. 检查验证有关资料

前人工作成果的质量及其资料可供利用的程度；地形图的精度；航卫片的解释效果，落实并补充解译标志。

11.1.2　踏勘的方法

野外路线踏勘的方法通常采用地面踏勘，有条件时可配合航空目测踏勘。

1. 实地踏勘

对研究程度较高的地区，可进行重点踏勘或专题踏勘，即观察标准地层剖面、代表性岩体和代表性矿床(点);对前人工作中发现有关键性疑难问题或具有典型意义的构造现象进行观察研究,初步解决或找出解决问题的途径。

对研究程度较差的地区,可进行概略性踏勘。即选择不同类型的地质体和自然景观区,以穿越法为主进行路线观察,在此基础上再对区内具有典型意义的地质现象和矿产进行重点观察研究。

2. 目测踏勘

选择1、2个制高点,对全区进行眺望,一览全区的山川形势、基岩出露、岩层展布和构造轮廓等特征。

下节提供的踏勘路线,是根据以上原则和教学要求来布置的(附图46)。

11.2 巢湖地质填图实习路线踏勘的内容和要求

11.2.1 路线1(龟山)

乘车至下朱村南,沿滨湖大道北侧岩层露头剖面,观察志留系中统坟头组(S_{2f})、泥盆系上统五通组(D_{3w})地层。路线观察内容如下:

(1) 坟头组岩性及岩性组合特征,并对岩性进行描述。

(2) 在坟头组地层中寻找鱼类、三叶虫、腕足类等生物化石,对采集的化石进行鉴定,分析其生态意义并推断其沉积环境。

(3) 观察、描述石英岩砾岩,分析五通组与坟头组地层间的接触关系。

(4) 观察五通组岩性及岩性组合特征,对石英砂岩进行描述。

(5) 在五通组地层中寻找生物遗迹或生物化石,并对沉积环境进行分析。

(6) 测量岩层产状,观察砂岩层中的斜层理,确定地层倒转。

(7) 观察地貌特征,对湖泊地质作用、巢湖的成因和环境状况进行讨论。

(8) 绘制信手路线剖面图。

思考题

(1) 坟头组的地层特征如何?形成于什么样的沉积环境?为什么?

(2) 地层间的接触关系有哪些类型?坟头组、五通组地层间平行不整合面的特征和意义如何?

(3) 陆源碎屑岩是如何分类的?如何描述砾岩和砂岩?

(4) 讨论巢湖的成因和形成时代问题。

11.2.2 路线2(凤凰山东坡—油库—公墓)

由驻地北西行至麒麟山(310高地)脚下,沿山坡向东至油库,观察泥盆系上统五通组、石炭系、二叠系下统栖霞组等地层。路线观察内容如下:

(1) 观察五通组上部岩性特征、采集植物化石。

(2) 观察五通组顶部黏土矿层的岩性、厚度,量测岩层产状。

(3) 观察石炭系下统金陵组(C_{1j})的岩性和化石特征及地层接触关系。

(4) 石炭系下统高骊山组(C_{1g})地层的岩性、厚度及所夹赤铁矿层。注意在钙质结核层中采集珊瑚、腕足类化石,查找高骊山组与金陵组间假整合证据。

(5) 观察和州组(C_{1h})上下两段的岩性特征,采集珊瑚、腕足类化石。

(6) 观察黄龙组(C_{2h})的岩性、厚度,寻找䗴类,珊瑚、腕足类化石,对灰岩进行岩性描述。

(7) 船山组(C_{2c})地层岩性两分性的特征,灰岩中寻找䗴类化石,上部岩层中球状构造明显。

(8) 观察二叠系下统栖霞组(P_{1q})的岩性组成,注意底部碎屑岩、臭灰岩的岩性和化石特征。

(9) 返程途中折向西至公墓一带,可见侏罗系下统磨山组(J_{1m})砾岩层角度不整合覆盖在栖霞组岩层之上。

思考题

(1) 五通组的地层特征如何? 形成于什么环境? 为什么?

(2) 观察五通组上部植物化石特征,植物界演化的阶段性如何?

(3) 石炭系地层(金陵组、高骊山组、和州组、黄龙组、船山组)有哪些化石? 各段地层的主要特征是什么?

(4) 碳酸盐岩的分类和结构特征如何? 如何描述石灰岩?

(5) 讨论侏罗下统系磨山组地层的构造意义。

11.2.3　路线3(皖维集团采石场—岠嶂山西坡)

由驻地乘车至金庭洞北山坡,观察C_1—P_1地层,俞府大村向斜构造,断层和岩浆侵入岩体。路线观察内容如下:

(1) 观察C—P_{1q}地层的特征,出露产状,对照凤凰山东坡地层的产出状况,确定俞府大村向斜的存在,对向斜形态进行观察描述。

(2) 观察采石场东P_{1q}、C_{2ch}、C_{2h}组的地层重复,出露的构造岩,确定纵断层的存在,通过断层带出露与地形关系,确定断层产状,结合地层产状确定断层的性质为逆断层。

(3) 给出该断层的信手剖面图。

(4) 沿采石公路前行,地层中断错开,认识横断层。

(5) 沿向斜核部向北,观察核部地层由南向北变老,确定该向斜枢纽向北仰起。

(6) 观察描述侵入栖霞组灰岩中的花岗闪长斑岩。

(7) 对照地形图，认识岠嶂山、大尖山、320 高地、马鞍山、麒麟山、凤凰山(电视台，270 高地)等地形地物。

(8) 学会使用 GPS 在地形图上确定点位。

思考题

(1) 俞府大村向斜的地层分布和构造特征如何?

(2) 栖霞组地层的岩性、化石、厚度如何? 讨论燧石结核的分布与成因。

(3) 皖维集团采石场逆断层的特征如何? 断层证据有哪些?

(4) 讨论栖霞组灰岩中岩浆岩体的岩性特征和侵入时代。

11.2.4 路线 4(平顶山西南 110 高地—133 高地—平顶山)

由驻地乘车至 110 高地，步行至 133 高地一带，沿途观察 S_{2f}—T 地层、逆断层、平顶山向斜。

(1) 观察 S_{2f}、D_{3w}地层，认识其间接触关系。定点，并测量该地层产状，与龟山地层产状进行对照。

(2) 打开地形图，对照地形。认识 91 高地、110 高地、平顶山、133 高地、马家山、凤凰山等地形地物。

(3) 观察 D_{3w}地层与 C_{1j}、C_{1h}地层，认识其间断层接触关系，讨论并描述该断层，绘制断层信手剖面图。

(4) 认识 C_{2h}、C_{2c}、P_{1q}组地层和产状特点。

(5) 观察孤峰组(P_{2g})、龙潭组(P_{3l})、大隆组(P_{3d})地层特征，寻找化石。

(6) 观察三叠系下统殷坑组、和龙山组、南陵湖组地层、岩性、所含化石，在 133 高地一带注意岩层产状变化，观察地层对称现象。

(7) 对平顶山向斜构造特征进行讨论，观察向斜山地貌。

(8) 沿途作信手剖面图。

思考题

(1) 如何使用地质罗盘在地形图上定点?

(2) 孤峰组、龙潭组、大隆组的地层特征如何? 有什么化石? 形成于什么沉积环境?

(3) 如何区分坟头组、五通组、龙潭组砂岩?

(4) 实习区三叠系的地层特征如何? 讨论其沉积环境的演变过程。

(5) 如何区分各地层时代的石灰岩?

(6) 讨论平顶山向斜的构造特征和形成时代。

11.2.5 路线 5(麒麟山—凤凰山)

由驻地沿麒麟山与凤凰山山间小路北西行至鞍部和凤凰山一带，观察凤凰山背斜及断层构造。路线观察内容如下：

(1) 途径独立石处，观察其岩性特征，查找该处存在断层的证据，讨论断层为逆断层的依据。

(2) 观察凤凰山背斜倾伏端特征，核、翼部地层及产状，了解背斜的延伸情况。

(3) 绘制凤凰山背斜的信手剖面图。

(4) 观察背斜谷地貌特征并了解其形成原因。

(5) 观察坟头组砂岩中的丘状交错层理和五通组底部砾岩特征。

(6) 在麒麟山顶部(310 高地)对照地形图，认识长腰山、碾盘山、马鞍山、大尖山、岠嶂山、凤凰山、平顶山等地形地物。

(7) 认识全区的地形地貌特征和地质构造分布特征。

思考题

(1) 凤凰山背斜的构造特征如何？背斜谷是如何形成的？

(2) 实习区的地貌特征及其与地质构造的发育和岩石性质的关系如何？

(3) 实习区有哪些主要的沉积矿产？

(4) 各地层单位的识别标志如何？

(5) 讨论凤凰山地区的地质构造分布特征如何？

11.2.6　路线 6(平顶山水库—222 高地—万山埠—狮子口)

由驻地乘车至田埠，步行至平顶山水库。沿公路北东方向步行经 222 高地至万山埠后，折向甘露寺，经 7410 厂至狮子口。观察平顶山向斜北延核部及两翼地层、凤凰山背斜核部地层。

(1) 观察 183 高地南东坡 D_{3w}、C_1、C_2 和 P_{1q} 地层岩性和产状特征。

(2) 沿途注意观察 C_{2h}、C_{2c}、P_{1q} 组地层的产状变化及地层重复或缺失，分析和讨论其构造意义，如图 11.1 所示(附图 47)。

(3) 在 199 高地采石场观察岩浆侵入体；观察平顶山向斜核部转折端，测量两翼地层产状，绘制向斜转折端的信手剖面图。

(4) 讨论 222 高地逆断层的断层标志，测量断层面产状和断层两盘的地层产状，绘制该断层的信手剖面图。

(5) 分析 222 高地采石场的地层分布和地质构造的发育情况，注意观察逆断层发育特征和向斜核部地层。

(6) 沿途观察高骊山组(C_{1g})地层特征，和州组(C_{1h})底部灰岩中的珊瑚化石，继续观察平顶山向斜的转折端。

(7) 万山埠观察由五通组底部地层构成的向斜转折端，对照平顶山、222 高地等地观察到的向斜转折端，明确平顶山向斜的倾伏特征。

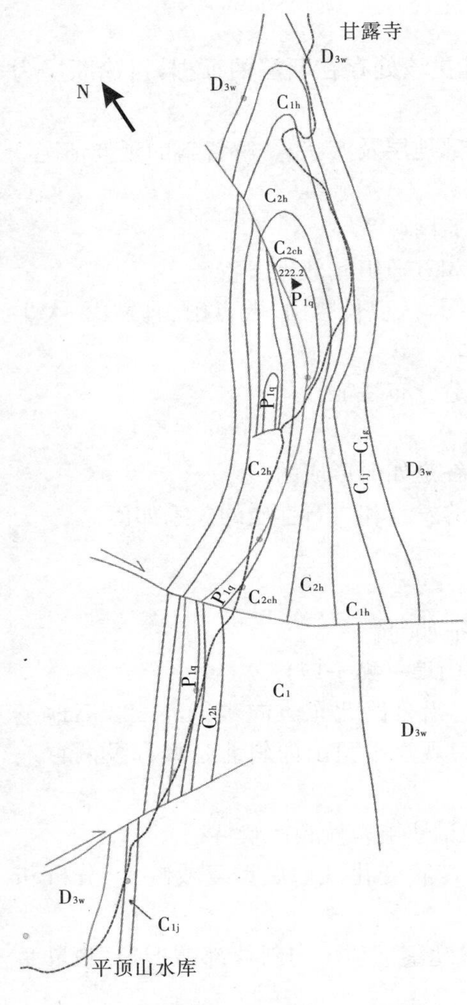

图 11.1　路线 6 地质示意图

(8) 沿途观察 D_{3w}、S_{2f}、和 S_{1g} 组地层特征，并测量岩层产状。

(9) 7410 厂生活区观察凤凰山背斜转折端和高家边组地层。

(10) 狮子口观察凤凰山背斜南东翼 D_{3w} 和 S_{2f} 组地层特征并测量产状，由地层的对称重复出现，明确凤凰山背斜的存在，以及背斜核部及两翼地层的分布及产状变化。

思考题

(1) 根据沿途观察到的岩层产状变化及地层的重复或缺失情况，讨论其构造意义。

(2) 222 高地逆断层的构造特征如何？断层标志有哪些？

(3) 讨论平顶山向斜的构造特征。

11.2.7　路线 7(中庙—姥山岛—青苔山)

由驻地乘车至中庙，转乘游船上姥山岛，回程转至青苔山。观察内容如下：

(1) 观察姥山岛上的岩石特征，详细描述岩石的颜色、组分、结构、构造，确定岩石类型。

(2) 结合区域地质演化历史，讨论岩石的成因和形成时代。

(3) 观察青苔山逆断层的断层面特征，寻找断层证据。

(4) 测量断层和岩层产状，分析、总结断层的发育特征，讨论断层的形成时代。

(5) 绘制青苔山逆断层信手剖面图。

思考题

(1) 姥山岛上的火山碎屑岩有什么特征？是如何形成的？

(2) 灯影组的地层特征如何？讨论白云岩的成因及其矿产意义。

(3) 青苔山逆断层的发育特征如何？讨论其形成时代。

第 12 章　巢湖实习区专题地质研究

专题研究活动旨在拓宽学生知识面、提高学生实践教学的兴趣、培养学生的科研意识及地质思维和创新能力。其内容可涉及基础地质及水文、水资源、工程地质、环境地质、地质灾害、旅游地质等方面的专题研究。学生在实习过程中对某些地学现象感兴趣而萌发进一步研究和探索的思想应得到支持和鼓励。但必须严格按照实习大纲要求，在认真完成实习各阶段教学任务的前提下方能进行。

开展此项教学活动首先应做好选题工作，查阅或向教师咨询有关专题研究现状、前人的研究成果和资料。在教师的指导下制定研究计划和程序。选题要结合实际、量力而行，一题至少应有三人参加。专题的野外研究和资料收集工作一般安排在实习后期，也可与填图工作结合进行，时间 2～3 天。研究成果可作为实习报告的一部分，或单独成文。现提供部分研究内容供参考，研究者亦可自行选择或申请新的研究题目。

12.1　不整合接触关系观察研究点

位置

凤凰山。

简介

此点为坟头组和五通组地层的分界点。两者之间虽有地层缺失，但上、下地层产状一致，为平行不整合接触关系。不整合界面暴露清楚。

观察研究要点

(1) 测量不整合面上、下地层的产状并进行对比。

(2) 详细观察和描述不整合面下部坟头组的岩性和化石特征。

(3) 观察分析古风化壳的物质组成，有条件时可取样分析。

(4) 观察研究不整合界面是否存在构造滑动现象。

(5) 详细观察和描述不整合面上部五通组底部砾岩的岩石学特征，初步判断其形成环境。

(6) 除该观察点外，实习区内龟山、190 高地、平顶山水库、万山埠、狮子口等地点均可见到该不整合界面。可对其上、下地层发育情况、岩性及其组合特征、化石特征、沉积环境变化等进行分析研究。

(7) 通过查阅相关资料,了解此不整合面的区域分布、形成的大地构造背景、地壳运动性质、构造运动名称,并分析其大地构造意义。

12.2 二叠系剖面观察研究点

位置

平顶山。

简介

此点二叠系地层出露良好,化石丰富。地层的形成经历了碳酸盐岩台地边缘斜坡—滨海泥炭沼泽—深海盆地较深水沉积环境的演变。系统地研究其地层特征,有助于了解二叠纪时期该区的沉积环境和生物演化特征,并分析该时段的区域地质演化历史及其地质背景。

观察研究要点

(1) 详细观察栖霞组、孤峰组、龙潭组和大隆组的岩性及其组合特征,明确地层划分的主要依据,必要时可取样进行实验分析。

(2) 注意观察各段地层的沉积构造等成因标志。

(3) 采集化石,编录登记并妥善包装。

(4) 室内对化石进行修饰和鉴定。

(5) 结合二叠纪生物集群灭绝事件的地质背景,分析该区二叠纪时生物演化及其与环境变化的关系。

(6) 与淮南地区二叠系地层进行对比,了解两者不同的地质演化过程,并分析其不同的大地构造背景。

12.3 上泥盆统五通组剖面观察研究点

位置

麒麟山及其南东坡至狮子口一带。

简介

此区五通组地层出露良好。系统研究该组地层沉积特征,分析该时段的沉积相演变。

五通组地层的沉积相一直存有争议,观点有三:陆相河流湖泊相、海陆过渡相、海相沉积。陆相河流湖泊相沉积的主要依据是:见陆生植物化石,如硅化木;高角度的单斜层理;底部砾岩厚度不稳定;正粒序层理发育。海相、海陆过渡相沉积的依据有:高沉积成熟度;典型的沉积构造。砂岩中冲洗交错层理、楔状、板块、槽状交错层理和干涉波痕发育;生物遗迹化石的存在;海相化石如纺锤螺(*Fusispireop* sp.)、贝氏螺(*bayiea* sp.)、似滨螺(*Littorinnides* sp.)等的发现。

观察研究要点

(1) 详细观察五通组的岩性及其组合特征,进行段、层的划分。

(2) 注意观察各层、段的沉积构造等成因标志。

(3) 采集化石,编录登记与鉴定。

(4) 各段、层的沉积微相分析。

12.4 上石炭统船山组观察研究点

位置

麒麟山南东坡。

简介

实习区上石炭统出露良好、沉积特征稳定。船山组上部的球藻灰岩是区内填图很好的标志层。系统研究该组地层的沉积特征,分析该时段的沉积相演变。

观察研究要点

(1) 船山组与黄龙组平行不整合接触关系研究。① 船山组底部薄层灰黄色含褐铁矿泥岩的观察;② 薄层泥岩之下黄龙组顶部团块泥岩的观察及成因分析。

(2) 船山组岩性分层。自下而上分为三层:灰黑色厚层微晶灰岩、灰黑色角砾状灰岩、灰白色中厚至厚层亮晶球藻灰岩。

(3) 船山组地层的沉积微相分析。

12.5 平顶山向斜扬起端

位置

长腰山以西的208高地东采石场。

简介

该向斜扬起端核部地层为二叠系下统栖霞组中厚层灰黑色生物碎屑灰岩,其底部为一层厚10 cm左右的炭质页岩,两翼均为石炭系上统的船山组深灰色厚层亮晶生物碎屑灰岩、黄龙组的中厚层浅灰色略带肉红色的泥(亮)晶生物碎屑灰岩以及石炭系下统和州组灰色中厚层生物碎屑灰岩、白云质灰岩,在采石场两壁均为其顶部的"炉渣"状砾屑灰岩。两翼均正常,北西翼倾向110°~130°,倾角75°左右;南东翼倾向 280°～305°，倾角 46°～65°；枢纽向北东仰起，仰起角 37°左右。该向斜扬起端被一纵断层分割成两个半鼻状构造，如图 12.1 所示，断层性质为逆断层，断层面倾向西，倾角约 40°。该处南、北两采石场开采的分别为断层上、下两盘黄龙组生物碎屑灰岩。

观察研究要点

(1) 判断向斜核部及两翼的地层层位。

(2) 测量向斜两翼地层产状。

(3) 测量向斜的枢纽方向及倾伏角，判断褶皱类型。

(4) 分析断层的性质和成因。

(5) 分析向斜的成因和形成时代。

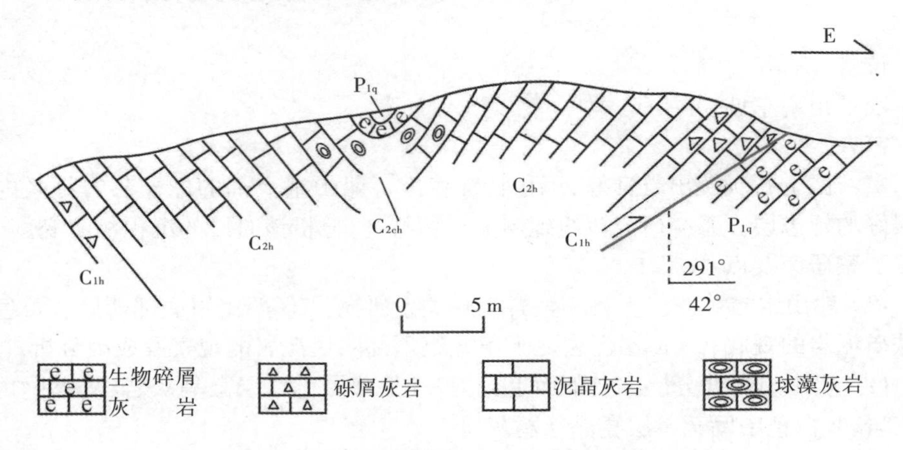

图 12.1　208 高地东采石场向斜扬起端地质素描

12.6　狮子崖逆断层

位置

位于凤凰山背斜南东翼，麒麟山与凤凰山交界的冲沟内。

简介

断层发育在上泥盆统五通组(D_{3w})下部石英砾岩和石英砂岩内部，断层与地层倾向相反，为 334°，倾角 43°～61°，上陡下缓。

观察研究要点

(1) 寻找断层证据，判断断层性质，分析断层的成因和时代。

(2) 地貌标志。断层形成陡崖，貌似狮子，故名狮子崖，如图 12.2 所示。

(3) 断层角砾岩。上盘靠近断层面处角砾发育，砾径大小不等，大者5 cm左右，小的不到1 cm，呈棱角—次棱角状，其成分主要为五通组石英砾岩、砂岩。

(4) 断层面上附有石英擦抹晶体，且发育有擦痕和阶步，其中擦痕向南西侧伏，侧伏角为40°左右。

(5) 断层下盘靠近断层处节理发育，形成密集的剪节理。其与断层面的所交锐夹角约9°～15°，锐角尖端指向下，揭示断层下盘向下运动，上盘相对上升。

图12.2　狮子崖逆断层素描

12.7　地表水观察研究点

位置

巢湖龟山风景区一带、姥山荆塘一带。

简介

巢湖位于安徽省中部，属长江下游水系，是我国五大淡水湖之一，地跨巢湖市、合肥市、六安市等。巢湖为一断陷湖，因形似鸟巢而得名。据全新统湖相沉积的分布及史书记载，湖泊面积原为2000 km^2，大致沿地形10 m等高线的范围内都属于湖区范围。后来因湖区的大规模围垦，湖区面积迅速减少，目前湖泊水域面积约784 km^2。湖泊东西长54.5 km，南北宽21 km，湖岸线总长184.66 km，多年平均水位8.37 m，平均水深3 m，沿湖共有河流35条，巢湖水系的水从南、西、北三面汇入湖内，然后在巢湖市城关出湖，经裕溪河东南流至裕溪口注入长江。

观察研究要点

(1) 观察湖岸带地貌及湖泊风光。

(2) 巢湖湖滨湿地生态系统的组成、结构、功能、特点及作用。

(3) 了解巢湖水系的特征、水文站的工作概况。

(4) 观察湖水水质污染状况，取水样观测湖水的物理化学指标。

(5) 观察分析湖岸崩塌。

(6) 分析巢湖的形成机制。

12.8 地下水观察研究点(金银洞)

位置

维尼纶厂招待所西北约 40 m 的小山坡西侧。

简介

(1) 金银洞为地下暗河出口处,有泉水流出,发育在下二叠统栖霞组本部灰岩段,岩性为深灰色中厚—厚层含燧石结核灰岩,层面凹凸不平,分布较多的不规则的燧石结核。岩石表面多溶蚀成小的沟槽,岩层产状:287°∠36°。洞口出露标高约 42 m,洞口方向 230°,宽 0.9 m,高 1.3 m,呈狭长的梯形,向内延伸 7 m 处高度降至 0.5 m 以下。

(2) 与地质构造关系。该溶洞发育主要受两组节理控制:① St60°/SE∠84°;② St310°/NE∠73°;另一组节理 St15°/NW∠81°斜截洞口。

(3) 泉水补给特点。在金银洞 N28°E 方向 500 m 处的山坡上,分布一个漏斗,大小为 10 m×15 m,漏斗中间偏西侧形成一个落水洞,洞口呈凸镜体状,长轴 9.2 m(NE40°方向),短轴 6 m(NW320°方向),洞深 5～6 m,向 NW 方向倾斜,该漏斗落水洞标高 80 m,为金银洞泉水主要补给点之一;在金银洞 N70°方向 150 m 处冲沟中原分布一个漏斗发育在和州组灰岩中,现被第四系部分填充。因此,金银洞泉属下降泉,主要受大气降水所补给。

(4) 流量、水质。该泉流速一般为 1 m/min,流量 0.8 m^3/min,20～30 m^3/h,雨季增大,最大可达 150 m^3/h。泉水属重碳酸—钠钙型(HCO_3- NaCa 型),pH 值为 7.1～7.7,矿化度 0.2～0.3 g/L,水温 18 ℃,无色无味,无有害元素。

观察研究要点

(1) 观察泉水出露部位及其周边地形特征,分析泉的出露成因,绘制岩溶地貌示意图。

(2) 分析泉水出露与构造裂隙的关系。

(3) 分析岩溶裂隙含水层的岩性组合特征及其富水性特征。

(4) 了解岩溶洞穴的测量方法和泉流量的测量方法,运用简易方法进行洞体形态及野外泉流量、流速的测量。

(5) 分析地表汇水条件、泉水的补给来源,沿途古岩溶、塌陷坑及落水洞与泉之间的补排关系。

12.9　地下水观察研究点(半汤温泉)

位置

巢城北部汤山脚下。

简介

半汤温泉产于由震旦系—寒武系—奥陶系组成的半汤复背斜中,受两组大断裂控制,地下泉水沿断裂深循环受地热加温所致。半汤泉群有23处以上,分布面积约12 500 m²。泉水呈间歇式溢出,无色透明,有硫化氢味,pH值一般在6.42~6.94,氡含量370 Bq/L~444 Bq/L,有30多种活性元素,主要成分是F^-,$SO_4{}^{2-}$,H_2S,Rn等,为含放射性氡气碳酸盐—钙质泉,是不可多得的珍贵医疗矿泉。泉水水温一般在56~59 ℃,最高水温达63 ℃,温泉水流量可达1055 m³/d以上。

观察研究要点

(1) 观察温泉群出露部位及其周边地形特征。

(2) 观测半汤温泉的水温及水质特征。

(3) 分析半汤温泉的成因,以及其与地质构造之间的关系。

(4) 调查半汤温泉的资源状况,认识资源的合理开发利用的重要性。

(5) 了解半汤温泉开发的历史,调查温泉对当地经济发展的作用。

12.10　地下水观察研究点(紫薇洞与王乔洞)

位置

皖维集团西侧紫微山。

简介

(1) 紫薇洞。发育于二叠系栖霞组黑色灰岩中,沿近南北走向的岩层层面发育。洞体平直,高而狭窄,形成独特的窄而长的通道。溶洞总长3000 m,主洞长达1500 m,洞内两个竖井,井口距洞底近30 m,为紫薇洞原始的两个井状出口。因地壳的多次抬升和相对稳定,在溶洞两侧的陡壁上留下多层溶蚀槽,洞内钟乳石发育,洞底相对平坦,其下仍有多层地下暗河发育。紫薇洞是典型的地下河型洞穴,地下河流曲折悠长,通过岩洞,直达巢湖。

(2) 王乔洞。发育于二叠系栖霞组本部灰岩段近下部黑灰色燧石结核灰岩中。洞口标高80 m,洞宽2.4~2.6 m,高约2.5~3.5 m。北侧入口130°,中段近南北向,南侧出口225°,总长45 m,为古地下排水通道。该地下暗河道主要受走向

310°和50°两组"X"形共扼剪节理所控制。洞内可明显见到两层阶地,高分别为1.5 m和2.0 m,证明了地壳曾有过两次抬升,每一台阶均说明当时地壳处于相对稳定时,地下水溶蚀灰岩形成地下通道。洞顶有小型钟乳石分布,洞内还有地下河的冲积物和崩塌堆积物。

观察研究要点

(1) 观测溶洞洞口标高及其周边地形地貌特征。

(2) 测量溶洞长、宽、高及延伸方向。

(3) 分析溶洞发育层位,判断其发育形态与石灰岩层理及节理关系。

(4) 观察溶洞内各种岩溶现象及地下暗河沉积物。

(5) 观察洞内古侵蚀面特征并测量其相对高度,阐述其与新构造运动的关系。

12.11 古滑坡观察研究点

位置

北凤凰山(大力寺水库北305高地)试刀山主峰305高地西北坡。

简介

滑坡体由石炭系和州组、黄龙组和船山组灰岩构成,呈长舌状夹在北西西向两条沟谷之间。前舌部分滑覆到泥盆系五通组和志留系坟头组之上,滑坡前缘(舌线)由石炭系金陵组、高骊山组、和州组、黄龙组和船山组灰岩组成席状岩片,已经滑覆到山脚下并且直接覆盖在志留系坟头组和高家边组之上。推测滑坡位移量达1 km以上,现今残存部分占地面积约700 m×700 m,估算滑坡体体积约3×10^6 m^3。

观察研究要点

(1) 观察滑坡体周边的地形地貌景观。

(2) 观察滑坡体的地层与岩性特征。

(3) 观测滑坡体结构、构造以及其规模。

(4) 分析研究滑坡与岩性和构造之关系,解释滑坡的成因。

12.12 人工滑坡观察研究点

位置

马鞍山南坡。

简介

滑坡位于马鞍山南坡由粉质黏土夹碎石组成的洪坡积裙尾部。因1986年开挖坡脚,形成高约10 m的近直立的临空面,1987年9月由于滑坡体的推力作用,引起的沿基岩面滑动的牵引式土体滑坡,范围245 m×160 m,体积约5×10^5 m^3。由王国强等人对滑坡体进行的研究并结合钻孔及原位测试可知,滑坡体为第四系残、坡积物,岩性自上而下分别为:含碎石黏性土、坡积碎石土和风化残积土,下伏为石炭系灰岩和碎屑岩。由于滑坡体土质结构疏密不均,致使各层土体之间以及在土体的垂直和水平方向之间的透水性都存在着显著差别,从而地下水沿各土层界面渗流形成地下水渗流通道,使土体软化,土体的抗剪强度降低,导致滑坡体的不稳定。

观察研究要点

(1) 观察滑坡体周边的地形地貌。

(2) 观察滑坡体的地层与岩性特征。

(3) 观测滑坡体结构、构造及其规模。

(4) 解释滑坡的成因。

12.13　第四纪地貌和沉积观察研究点

位置

狮子口省道208路旁侧。

简介

在坡麓地带,发育呈长条状分布坡积堆积;在冲沟出口处,发育规模较小的洪积扇。

观察研究要点

(1) 观察坡积、洪积、堆积周边的地形地貌。

(2) 观测堆积地貌的形态、规模以及空间分布。

(3) 观察和研究堆积地貌的剖面结构、堆积物以及砾石层与土状堆积物特征。

(4) 分析堆积物成因类型。

(5) 分析洪积地貌与地质灾害的关系。

第13章　巢湖地质填图实习的教学程序和考核方法

巢湖地质填图实习是在淮南地区地质认识实习的基础上，以区域地质调查方法学习为重点的野外地质学综合实践过程，目的在于培养学生掌握区域地质调查的基本方法，提高学生理论联系实际，从现象认知到分析问题和解决问题的实际能力。

13.1　地质填图实习的目的和要求

13.1.1　实习目的

地质学科是一门实践性很强的学科，野外地质教学是地质教学中不可缺少的环节。一方面依靠带队教师的讲解和诱导，另一方面更需要学生的刻苦学习，严格要求自己。

巢湖地质实习是一次综合性的野外地质调查基本训练，通过现场教学，使学生在系统掌握地质调查的基础知识、基本方法、基本技能的同时，也能了解现代地质学的新理论、新方法、新技术。运用地质学的基本理论，理论联系实际地综合分析和研究各种地质现象。

实践是地质学的重要特点。通过实习使同学们认识到实践对地质科学的重要性，从而使他们树立起艰苦奋斗、严谨求实、开拓创新的科学精神。培养学生热爱地质事业，勇于探索地球奥秘的兴趣，使他们了解和逐步掌握"将今论古"和"认识，实践，再认识，再实践""由点到面，点面结合"等地质思维方法。

进行区域地质调查方法的系统训练，培养学生具有熟练的地质踏勘、剖面测制、地质填图、数字成图和地质报告编写的基本知识、方法和技能，为后续的学习及进行地质工作打下坚实的基础。

13.1.2　实习要求

为确保野外实习任务的顺利完成，必须强化安全意识，严明实习纪律：

(1) 召开实习动员大会。明确实习的目的、任务和要求；宣布实习纪律及注意事项；介绍实习工作计划；借用野外装备，准备实习用品。

(2) 实习队由指导教师和学生组成。实习计划由队长制定并经过学院批准后组织实施。学生按班级分编实习小组，每小组5～6人为宜。组长负责小组工作，协调好与班长和指导教师之间的工作关系。

(3) 以班级为单位，由指导教师介绍实习区的地质概况，实习成绩的评定原则。

(4) 认真阅读《巢湖凤凰山地质填图实习指南》，并尽可能收集前人的研究成果，以便熟悉实习区的地质特征和地质研究状况。

(5) 以提高学生分析问题和解决问题的能力为宗旨，在提高学生识别地质现象和实际动手能力方面下工夫。培养学生具有熟练的地质踏勘、实测剖面、地质填图、数字成图和地质报告编写的基本知识、方法和技能。

(6) 统一野外地质认识，提高实习教学质量。考虑到实习队组队教师的变化和实习区地质认识的更新，要求实习队教师提前进行野外集体备课，做好教学准备。要求独立带班(组)的各位教师要了解区域地质概况，对实习区的地层层序和组成、矿物岩石特征、常见生物化石、地层沉积环境和地质构造等熟练掌握。

(7) 强化安全意识，严明实习纪律。实习阶段无故缺勤、打架斗殴、不服从管理者，由实习队给予纪律处分，实习成绩按零分处理。

(8) 认真做好实习总结。实习结束后，实习队各班(组)要进行认真讨论，指导教师做总结。内容包括:实习计划的完成情况，是否达到了教学要求;取得的收获和存在的问题有哪些? 提高和改进教学的建议等。

13.2　地质填图实习各阶段的教学内容

根据教学计划，巢湖地质实习一般安排在第 5 学期进行，时间为 5 周，野外 3 周。具体安排如下，也可根据天气变化情况作适当调整。

13.2.1　实习动员及准备阶段(1 天)

实习动员会由实习队长安排、各班级带队教师负责召开，动员内容包括:

(1) 明确实习目的和要求，强化安全意识，严明实习纪律。

(2) 介绍实习基地的学习和生活条件，实习区的交通和地理概况、研究历史和现状及地质概况(地层、构造、岩浆岩、矿产及资源等)。

(3) 实习阶段的划分，各阶段的教学内容和教学要点。

(4) 实习成绩的评定原则。

(5) 出队前的准备工作。

出发前每位同学必须准备好野外实习用品，包括:

(1) 个人生活用品(卫生洁具、工作服、登山鞋、遮阳帽、雨伞)。

(2) 个人学习用品(实习指南、地形图、野外记录本、实习日志、地质锤、地质罗盘、放大镜、地质包、小号图板及丁字尺、2H 铅笔、橡皮、三角板、量角器)。

(3) 实习组用品(笔记本电脑、数码相机、GPS、30 m 皮尺、实测剖面登记表、小瓶盐酸、野外记录本、地形图)。

(4) 班级准备(简易药箱、文体和文娱用品、计算纸、透明纸)。

13.2.2 路线地质(踏勘)阶段(7 天)

到达实习基地安排妥当后,要及时熟悉实习区的地形图,了解实习区重要的地貌特征和地物标志。野外作业开始前,同学们要认真预习,并仔细阅读《实习指南》中的相关内容,校正地质罗盘,准备好野外用品,为路线踏勘做好准备。

踏勘通常是沿着事先选定的路线进行的。踏勘路线一般垂直于主构造线或地层走向布置,兼顾到交通便利,露头连续,地层发育齐全,接触关系清楚,构造发育典型等因素。路线踏勘是整个教学实习的关键阶段,在指导教师的带领下,通过对选定的踏勘路线(详见第 11 章)和典型地质现象的观察和研究,完成以下教学内容:

(1) 全面了解工作区的地形地貌特征、资源及环境概况。

(2) 学会使用地质罗盘、地形图、GPS 等开展地质工作。

(3) 掌握矿物、岩石、化石等手标本的描述、鉴定以及标本的采集方法和要求。

(4) 沉积地层的观察,包括沉积构造识别、生物化石的认知、岩性及岩石组合特征、岩层厚度及其变化、地层的划分和对比及时代确定、岩相分析、地层接触关系分析。

(5) 地质构造的观察描述、类型判断、特征分析及成因演化等。

(6) 典型地质现象素描图的绘制。

(7) 重点掌握实习区的矿物岩石、地层古生物、地质构造、代表性岩体、矿产资源、水文地质和工程地质特征。

(8) 野外记录的格式如下:

2013.11.1　　平顶山

路线四:110 高地—133 高地—平顶山

008 点

点位平顶山西南 110 高地南侧盘山公路

GPS 坐标:

内容:平顶山西逆断层观察点

点上测量断层走向为……,倾向……,倾角……

断层上盘为泥盆系五通组,地层倒转,倾角 80°左右,逆掩在石炭系下统和州组地层之上。

点上断层标志清晰，有以下几点：

(1) ……

(2) ……

……

(5) ……

反映该断层为一逆冲断层。

(断层信手剖面图)

由008点沿公路向东，沿途见……

路线踏勘结束后，按时完成踏勘阶段的资料整理工作。

13.2.3　实测剖面阶段(5天)

野外实地踏勘结束后，在开展地质填图之前，需要测制填图范围内的地质剖面。通过地质剖面的测制，可以详细了解测区内的地层、构造、矿产以及火成岩体侵入等特征。实测地质剖面又可分为实测地层剖面、构造剖面、岩浆侵入体剖面、矿产、地貌剖面等，对于地质填图实习来说，一般要求掌握地层剖面和构造剖面的实测方法。

实测剖面应尽量选在交通便利，露头连续，地层发育齐全，接触关系清楚，具典型化石特征，构造相对简单，岩石组合及厚度均具有代表性的地段。通过实测剖面研究，建立测区岩石地层填图单元的划分方案，统一单元划分标志。

实测地质剖面前，由指导教师讲授实测地质剖面的方法和要求，指定各小组实测的剖面位置，介绍地质剖面图的制作方法、规范和要求。各实习小组依据野外地质剖面的实测数据，及时进行数据处理，并根据剖面的长度和地层厚度自选比例尺，按时完成剖面图和地层柱状图的制作。

地质剖面的实测方法、工作内容及要求详见第7章。

实测地质剖面结束后，实习队分班级以考核方式作阶段小结，并检验学生对前期教学内容的掌握程度以及是否具备继续进行实习的知识和能力。教学活动可安排野外路线考核和室内考核。考核内容包括：实习区地质特征的掌握程度；野外地质工作的基本方法和技能；地质现象的观察识别和分析能力；检查野外记录、剖面图和柱状图等。考核方式由带班教师灵活掌握，如提问、讨论、实物鉴定、读图分析等。

13.2.4　地质填图阶段(6天)

经过踏勘和实测地质剖面阶段，对工作区的地层进行了研究，确定了地质填图单位之后，就可以按照所划分的填图小组，开始野外地质填图工作。地质填图的任务是：在选定的地质路线和地质点基础上进行观察、描述，全面收集工作区的各种地质资料，在地形图上如实地标定出各种地质界线(如填图单位的界线，岩体的分布，各种构造要素等)，为编制地质图和编写地质报告提供如实的野外基础。地质填图是区域地质测量中最重要的一个环节。

实测剖面阶段结束后，由带队教师讲授1∶5万地质填图的规范、方法和要求(内容详见第8章)。

该阶段教学活动与前期的区别在于教师和学生的角色转换，教师发挥指导和辅导作用。提倡以“教师为主导、学生为主体”的教学方式开展教学，倡导学生之间和师生之间就某些地质问题展开讨论以激发学生学习的热情和兴趣，有效发挥学生独立开展地质工作的积极性和创造性。

教学组织方式是以实习小组为单位开展教学活动。野外填图前，各小组要安排工作计划，进行路线设计，在征得指导教师同意后方可实施。阶段工作由小组长全面负责，其他成员密切配合。地质路线的布置、地质观察点的确定、地质界线的勾绘等工作由全体成员共同完成。小组成员对地质现象观察、地质信息采集、记录的描述、地质界线的勾绘等工作都要做到能独立地进行操作。对于在野外遇到的难点、疑点问题，可在教师指导下在现场共同商讨解决。

在整个地质填图阶段，指导教师每天都应在室内逐一检查各小组的填图工作完成情况。对于不符合填图要求和规范以及存在质量问题的工作内容要求学生及时返工，并督促学生及时做好当日的资料和数据整理工作。

13.2.5　专题研究阶段(2天)

专题研究的教学内容可设计基础地质、水文地质、工程地质、地质灾害、环境地质、旅游地质等多个方面；也可利用前期各阶段获得的基础资料进行二次开发。开展专题研究教学活动旨在培养学生的学习兴趣，提高学生的科研能力和创新意识。教师要尊重学生的选题并给予指导。选题要符合实际，综合考虑时间、经费和本人基础知识掌握的程度，在地质填图工作结束后或同期开展，也可延续到校内继续研究。其成果可以体现在实习报告中，也可单独成文。

以上各阶段工作完成后，回校进行地质填图实习最后一个阶段——数字成图和实习报告的编写工作。

13.2.6　实习成果提交阶段(12天)

由带队教师讲授实习成果的提交资料，实习报告的编写内容和要求。此阶段使用MAPGIS软件，完成地形地质图、综合地层柱状图、图切剖面图、构造纲要图等图件的绘制，并认真撰写实习报告。

个人提交的实习成果：① 地质填图实习报告；② 1/5万地形地质图(含综合地层柱状图、图切剖面图)；③ 实测地层剖面图(含柱状图)；④ 1/5万构造纲要图；

⑤ 实习日志。

此阶段由实习队统一组织，分班级以室内卷面考试或面试的方式对学生进行考核，以测评学生在整个实习阶段对教学内容的掌握程度以及是否具备开展区域地质调查工作的基本知识和基本能力。

13.3　地质填图实习报告的编写和成绩评定

13.3.1　实习报告的编写要求

地质报告是地质填图工作成果的集中反映。要求内容真实丰富、观点明确、证据充分、重点突出、层次清楚、图文并茂。编写实习报告的素材主要来源于实习指南、实物照片和野外记录，也可以参考有关教材和书籍。提倡查阅相关文献和前人的研究成果，开展相关地质专题的研究和分析。

编写实习报告是每一个人综合知识、分析能力和文字表达能力的具体表现，这些能力是地质学科的学习中必不可少的。每个同学都必须认真对待。撰写实习报告时，同学之间可以互相讨论，但不得相互抄袭和拷贝。一经发现，取消实习成绩或重新撰写。

实习报告要求立意明确、资料翔实、思路清晰、结构合理、文理通顺。字迹工整、图表美观、图文并茂是实习报告的基本要求。实习报告的封面和封底格式均有统一要求；报告内容可以手写，也可打印；纸张为 A4 幅面装订成册。实习报告可参考以下提纲，也可根据具体情况适当调整。

1. 前言

概述工作过程和工作地区总的情况，其中包括：

(1) 工作区的地理位置、行政区划、交通状况。

(2) 自然和经济地理概况、气候特征。

(3) 构造位置、地层分区、地质调查史和研究程度。

(4) 工作目的、任务和要求，填图范围和面积，完成的期限。

(5) 实习队的组织形式。

(6) 工作方法、工作量及主要成果和质量评价。

(本章附图：工作区交通位置图、实际材料图。)

2. 地层

首先概述：本区属何地层小区、地层发育情况，最老到最新地层及总的地层分布特征、位置、缺失等情况。然后分述：由老到新逐层描述。描述内容包括：地层时代、岩性特征、化石、岩相、厚度及其变化，接触关系等。

（本章附图：实测地层剖面图、柱状图、地层对比图、地层接触关系素描图、信手剖面图及相关照片等。）

3. 岩石

如果工作区内岩浆岩或变质岩种类很多，分布广泛，就单列此章。岩浆岩主要描述内容：岩体的位置、分布、规模、产状、与围岩的关系，岩石类型，蚀变、矿化、时代、成因等。变质岩主要描述内容：矿物成分，结构构造，地化特征，原岩性质，变质作用类型，变质程度，变质相带的划分及空间分布，变质时代等。

4. 构造

一个地区的地层、岩石在其形成之后的漫长历史时期中，经受了各种性质的地壳变动，形成了规模不等、方向不同、性质各异的褶皱构造和断裂构造。具体描述和分析工作区内各地质体空间位置关系，研究它们形成的原因和发展演化历史是重要内容。首先进行概述全区总的构造轮廓，大地构造位置，构造的复杂程度，主要构造层的划分及分布等；然后进行详细描述。通常有三种方式，一是分构造区描述；二是分构造体系逐个描述；三是按构造类型进行描述。图幅范围较大的小比例尺地质测量，一般采用前两种方式；范围较小的大比例尺填图，以第三种方式描述为宜。即：

（1）褶皱包括：褶皱名称（地名＋褶皱类型），位置（地理位置和所在区域构造部位），分布延伸情况，长宽比例，核部位置及组成地层，两翼地层及产状。轴面及枢纽产状，转折端形态，次级褶皱的发育情况，褶皱被断层或岩体破坏情况；讨论褶皱形成的时期，褶皱的形成机制等。

（2）断层包括：断层名称（地名＋断层类型）或断层编号、位置、延伸方向，通过的主要地点，延伸长度，断层面产状，两盘出露的地层及产状，地层的重复、缺失及地质界线错开等特征，两盘相对位移方向，其断距大小；断裂带的构造现象，如构造岩，片理化、断层泥、透镜体，牵引褶皱、伴生节理，断层面的形态变化，断面上的擦痕及其产状，推断断层形成及发展演化历史，与其他构造的关系，断层产生的力学机制等。

（3）节理包括：类型（张节理和剪节理），特征、产状、发育程度，空间部位及组系划分、分期配套等。

（4）其他构造（如重力构造等）。

一个地区的各种地质构造并不是孤立存在的，彼此间有着内在的联系。应分析这种内在联系，分析区域构造的力学成因，并阐述构造对矿产形成的控制作用。因此，构造的分析要将褶皱、断裂、节理等作为一个统一的整体，根据不同时期分析它们的形变特征，推断地壳活动的规律性。更重要的是论述构造与矿产、工程地质、水文地质及地震地质的关系。

构造形态特征和空间关系往往用图能够更明确和直观地表达，因此，要尽量用各种图件帮助叙述。

（本章附图：构造纲要图、地质构造素描图及相关照片等。）

5. 矿产

地质测量的主要目的是进行矿产普查，在于发现工作区内可以利用的矿产资源，查明矿产的类型、部位、品位及估算储量。描写要从最主要的矿产开始，要叙述矿产所在位置、矿种、矿床类型、规模、各种化验分析数据、各种工程揭露的实际资料、各种经济指标、找矿标志及矿床成因等，主要目的是为进一步找矿勘探提供依据。很重要的一点是根据区内地质特征的综合分析，提出在本区找矿的远景，并提出在寻找矿产方面进一步工作的建议。

6. 地质发展史

根据沉积建造、构造变动、变质作用、成矿作用等特征，结合区域地质资料由早到晚分析工作区地质演化的历史。

7. 结束语

对整个地质填图工作的结论和评价，要明确而简练。概括性地肯定本次工作的主要成果及新发现，新认识；对本次工作进行总结，总结所取得的研究成果，存在的主要问题，并提出下一步工作的合理化建议。

最后应列出报告的附图清单和主要参考文献。

13.3.2　实习成绩评定

地质填图实习成绩评定具有综合性，应全面考查学生实习期间的学习和工作态度、基础知识的掌握程度、动手能力、思维能力、野外及室内作业的完成情况以及地质图件和实习报告的质量等。

按照学校规定，野外地质教学实习凡是考核不及格者一律不予补考，不及格者不能毕业。重修者所有实习费用由学生自理。

实习成绩的综合评定主要根据四个方面：实习表现、野外记录和实习日志质量（20%）；基本知识、基本方法和基本技能的掌握程度（考核成绩，30%）；成果图件质量（20%）；实习报告质量（30%）。成绩“优秀”（90 分以上）者，控制在总人数的 15%以内为宜。

参考文献

[1] Li S G, Wang S S, Chen Y Z, et al. Excess argon in phengite from eclogite: Evidence from dating of eclogite minerals by Sm-Nd, Rb-Sr and $^{40}Ar/^{39}Ar$ methods[J]. Chemical Geology, 1994, 112: 343 - 350.

[2] Tong J N, Zakharov Y D, Orchard M J, et al. A candidate of the Induan-Olenekian boundary stratotype in the Tethyan region[J]. Science in China: Series D, 2003, 46: 1182 - 1200.

[3] 安徽省地矿局区域地质调查队. 安徽省巢湖市地质实习指南[R]. 1986.

[4] 安徽省地质矿产局. 安徽省区域地质志[M]. 北京: 地质出版社, 1987.

[5] 安徽省地质矿产局. 安徽省岩石地层[M]. 武汉: 中国地质大学出版社, 1997.

[6] 曾允孚, 夏文杰. 沉积岩石学[M]. 北京: 地质出版社, 1986.

[7] 陈德琼, 鲍虹. 安徽巢湖五通群上部介形类德发现及其意义[J]. 微体古生物学报, 1990, 7(2): 123 - 139.

[8] 杜叶龙, 李双应, 王松, 等. 安徽巢湖-南陵地区栖霞组碳酸盐岩定量微相分析[J]. 沉积学报, 2012, 30(5): 847 - 858.

[9] 杜远生, 童金南. 古生物地层学概论[M]. 武汉: 中国地质大学出版社, 1998.

[10] 冯增昭. 沉积岩石学[M]. 北京: 石油工业出版社, 1993.

[11] 郭刚, 童金南, 张世红, 等. 安徽巢湖早三叠世印度期旋回地层研究[J]. 中国科学:D辑 地球科学, 2007, 37(12): 1571 - 1578.

[12] 国家石油和化学工业局. SY/T 5368 岩石薄片鉴定[S]. 2000.

[13] 国家质量技术监督局. GB/T 17412.2 沉积岩岩石分类和命名方案[S]. 1998.

[14] 国家质量技术监督局. GB/T 17412.1 火成岩岩石分类和命名方案[S]. 1998.

[15] 侯明金, 齐敦伦, 金义祥. 安徽巢湖凤凰山石炭纪岩石特征及沉积环境分析[J]. 安徽地质, 1998, 8(3): 30 - 37.

[16] 李超岭. 数字区域地质调查基本理论与技术方法[M]. 北京: 地质出版社, 2003.

[17] 李双应, 岳书仓. 安徽巢湖栖霞组碳酸盐斜坡沉积[J]. 沉积学报, 2002, 20(1): 7 - 12.

[18] 李双应. 安徽巢湖地区早三叠世火山碎屑流的岩石学特征及其形成机理[J]. 安徽地质, 2000, 10(1): 24 - 28.

[19] 李斯凡. 巢湖流域土壤与河、湖沉积物磷的空间分布及其影响因素[D]. 南京:南京大学, 2012.

[20] 刘嘉龙, 金福全. 安徽巢县第四纪地层及所含脊椎动物化石新种的特征[J]. 淮南矿业学

院学报，1982，(1)：16－26.

[21] 刘文中. 淮南地区地质认识实习教程[M]. 合肥：中国科学技术大学出版社，2013.

[22] 陆伍云，李玉发，周光新，等. 安徽巢湖地区的侏罗系[J]. 地层学杂志，1985，9(3)：180－185.

[23] 舒良树. 普通地质学[M]. 北京：地质出版社，2010.

[24] 宋传中，牛漫兰. 巢湖北部青苔山推覆构造的特征及其成因[J]. 合肥工业大学学报：自然科学版，1999，22(6)：15－19.

[25] 宋珍炎，钱守荣. 安徽巢湖凤凰山地区地质测量实习指导书[R]. 2004.

[26] 孙凤贤. 巢湖塌岸的特征及其规律[J]. 地质灾害与环境保护，2000，(4)：287－291.

[27] 童金南，Hansen H J，赵来时，等. 印度阶—奥伦尼克阶界线层型候选剖面：安徽巢湖平顶山西剖面地层序列[J]. 地层学杂志，2005，29(2)：205－214.

[28] 童金南，Zakharov Y D，吴顺宝. 安徽巢湖地区早三叠世菊石序列[J]. 古生物学报，2004，43(2)：192－204.

[29] 童金南，赵来时，左景勋. 下三叠统殷坑阶和巢湖阶及其界线研究[J]. 地层学杂志，2005，29(增刊)：1548－1564.

[30] 王道轩，宋传中，金福全，等. 巢湖地学实习教程[M]. 合肥：合肥工业大学出版社，2005.

[31] 王国强，吴道祥，刘洋，等. 巢湖凤凰山滑坡形成机制和稳定性分析[J]. 岩土工程学报，2002，2(45)：645－648.

[32] 王汝建. 安徽巢湖孤峰组的放射虫化石[J]. 古生物学报，1993，32(4)：442－457.

[33] 王心源. 巢湖北山地质考察与区域地质旅游教程[M]. 合肥：中国科学技术大学出版社，2007.

[34] 卫管一，张长俊. 岩石学简明教程[M]. 北京：地质出版社，1995.

[35] 西北大学地质学系. 巢湖北部凤凰山地区区域地质调查实习指导书[M]. 西安：西北大学出版社，2007.

[36] 徐继山，马学军，马润勇. 安徽巢湖地区石炭纪炉渣状灰岩的成因研究[J]. 地层学杂志，2012，36(3)：672－678.

[37] 杨水源，姚静. 安徽巢湖平顶山中二叠统孤峰组硅质岩的地球化学特征及成因[J]. 高校地质学报，2008，14(1)：39－48.

[38] 杨则东，徐小磊，谷丰. 巢湖湖岸崩塌及淤积现状遥感分析[J]. 国土资源遥感，1999，(4)：1－7.

[39] 赵温霞. 周口店地质及野外地质工作方法与高技术运用[M]. 武汉：中国地质大学出版社，2003.

[40] 赵祥麟，门凤岐. 化石手册[M]. 北京：地质出版社，1993.

[41] 中国地质调查局. DD2006－×× 1∶5万区域地质矿产调查技术要求[S]. 2006.

[42] 周迎秋. 基于遥感的巢湖流域环境变化研究[D]. 芜湖：安徽师范大学，2005.

[43] 周治安. 南京湖山地区地质测量实习指导书[R]. 1993.

[44] 朱光，刘国生，Dunlap W J，等. 郯庐断裂带同造山走滑运动的$^{40}Ar/^{39}Ar$年代学证据[J]. 科学通报，2004a，49(2)：180－198.

[45] 朱光，宋传中，王道轩，等. 郯庐断裂带走滑时代的$^{40}Ar/^{39}Ar$年代学研究及其构造意义[J]. 中国科学:D辑，2001，31(3)：250－256.

[46] 朱光，王道轩，刘国生，等. 郯庐断裂带的演化及其对西太平洋板块运动的响应[J]. 地质科学，2004b，39(1)：36－49.

常用地质符号

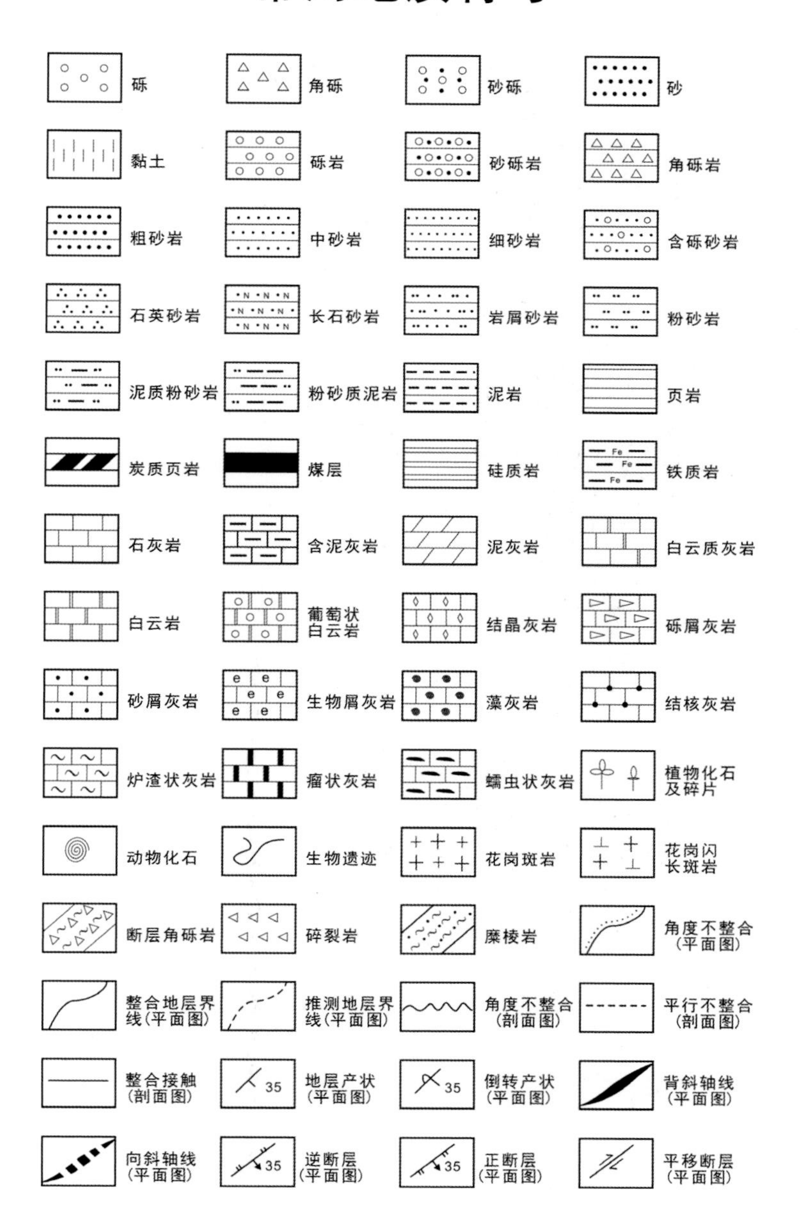

砾
角砾
砂砾
砂
黏土
砾岩
砂砾岩
角砾岩
粗砂岩
中砂岩
细砂岩
含砾砂岩
石英砂岩
长石砂岩
岩屑砂岩
粉砂岩
泥质粉砂岩
粉砂质泥岩
泥岩
页岩
炭质页岩
煤层
硅质岩
铁质岩
Fe
石灰岩
含泥灰岩
泥灰岩
白云质灰岩
白云岩
葡萄状白云岩
结晶灰岩
砾屑灰岩
砂屑灰岩
生物屑灰岩
藻灰岩
结核灰岩
炉渣状灰岩
瘤状灰岩
蠕虫状灰岩
植物化石及碎片
动物化石
生物遗迹
花岗斑岩
花岗闪长斑岩
断层角砾岩
碎裂岩
糜棱岩
角度不整合（平面图）
整合地层界线（平面图）
推测地层界线（平面图）
角度不整合（剖面图）
平行不整合（剖面图）
整合接触（剖面图）
地层产状（平面图）
35
倒转产状（平面图）
背斜轴线（平面图）
向斜轴线（平面图）
逆断层（平面图）
正断层（平面图）
平移断层（平面图）

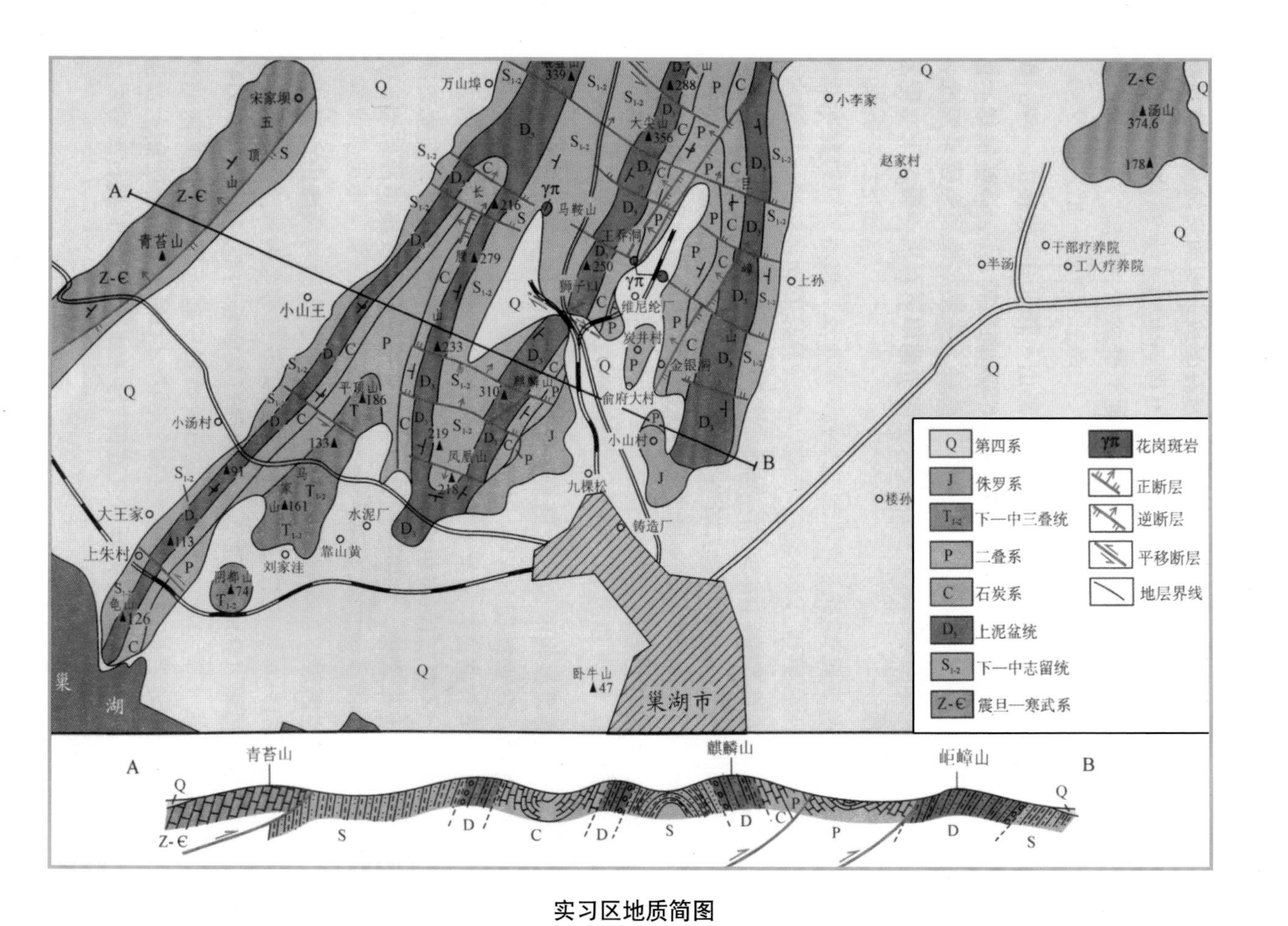

实习区地质简图

（据王道轩等，2005）

附　图

附图 1　实习区地理位置

（据 Google Earth 修改）

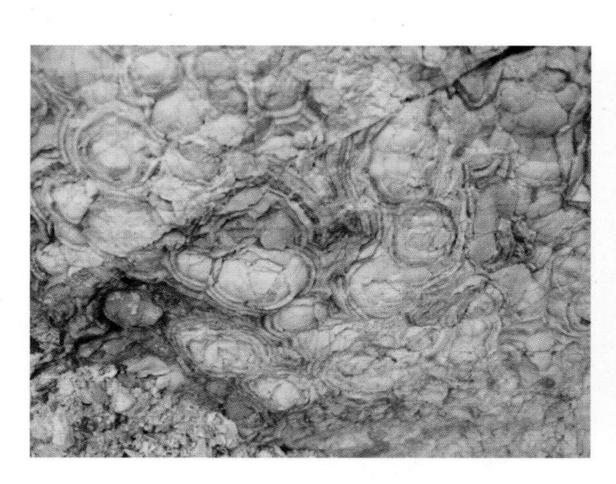

附图 2　灯影组葡萄状白云岩

附图 3　坟头组丘状交错层理

附图 4　坟头组与五通组假整合

附图 5　五通组板状交错层理

附图 6　五通组顶部地层

附图 7　亚鳞木和锉拟鳞木（据王兴阵）

附图 8　五通组砂岩底面生物遗迹

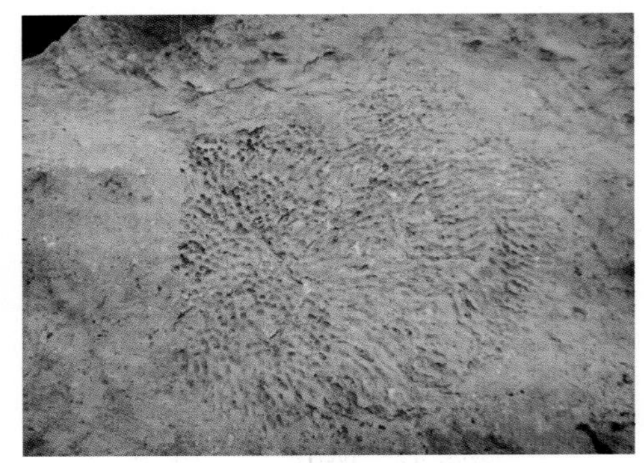

附图 9　金陵组笛管珊瑚

附图 10　麒麟山东坡高骊山组地层

附图 11　和州组炉渣状灰岩

附图 12　和州组袁氏珊瑚和石柱珊瑚

附图 13　麒麟山南东坡 C—P 地层

附图 14　船山组球状灰岩

附图 15　栖霞组燧石结核

附图 16　栖霞组 / 船山组界线黏土岩

附图 17　孤峰组薄层硅质岩

附图 18　孤峰组菊石

附图 19　平顶山西龙潭组地层

附图 20　平顶山 T/P 界线

附图 21　平顶山三叠系地层

附图 22　平顶山和龙山组瘤状灰岩

附图 23　平顶山向斜核部南陵湖组

附图 24　东马鞍山组膏溶角砾岩

附图 25　侏罗系磨山组地层

附图 26　皖维集团采石场岩浆侵入体

附图 27　凤凰山背斜转折端

附图 28　背斜转折端（据陈健）

附图 29　凤凰山背斜谷

附图 30　222 高地采场向斜（据付茂如）

附图 31　青苔山逆断层

附图 32　222 高地南采石场逆断层

附图 33　222 高地北采石场（据陈健）

附图 34　平顶山西逆断层

附图 35　狮子崖逆断层（据陈健）

附图 36　岠嶂山金银洞北逆断层

附图 37　麒麟山南东坡 X 形节理

附图 38　长腰山五通组黏土矿采场

附图 39　巢湖滨湖景区

附图 40　紫薇洞中的落水洞

附图 41　巢湖中庙和姥山岛

附图 42　王乔洞摩崖石刻

附图 43　巢湖湿地景观

附图 44　单面山（麒麟山）

附图 45　巢湖金银洞

附图 46　踏勘路线分布图

附图 47　平顶山水库—222 高地路线地质示意图（据郑建斌）